AF368056

ESSAI

SUR LE

MOUVEMENT DES PROJECTILES

ESSAI

SUR LE

MOUVEMENT DES PROJECTILES

DANS LES MILIEUX RESISTANTS,

PAR

M. THIROUX,

Lieutenant-colonel d'artillerie en retraite.

(CHAPITRE VI.)

PARIS

LIBRAIRIE MILITAIRE, MARITIME ET POLYTECHNIQUE
DE J. CORRÉARD
LIBRAIRE-ÉDITEUR ET LIBRAIRE COMMISSIONNAIRE
Place Saint-André-des-Arts, 3.

1860

ESSAI

SUR LE

MOUVEMENT DES PROJECTILES

DANS LES MILIEUX RESISTANTS,

CHAPITRE SIXIÈME.

De l'importance de la balistique et de la possibilité de déterminer la vitesse restante de la balle du fusil à 600 m.

Examen de diverses hypothèses de résistance de l'air :

1° Lorsqu'elle est exprimée par un monome algébrique ou exponentiel ;

2° Quand elle est exprimée par un binome du premier et du deuxième degré, du premier et du troisième, du second et du troisième, du deuxième et du quatrième ;

3° Lorsqu'elle est exprimée par un polynome.

4° Erreur qu'on commet en mettant en équation le problème du mouvement des projectiles dans l'air.

5° Equations approximatives applicables à toutes les hypothèses de résistance, quelles qu'elles soient.

6° Résumé général (1).

Il semblerait résulter de ce qui précède que, grâce aux travaux de Hutton, d'Euler, de Besout

(1) Le lecteur a pu remarquer que, dans ces *Essais*, il ne devait pas voir un ouvrage méthodique, mais une suite de mémoires et d'études balistiques qui ont été reunis en chapitres par notre éditeur.

et de Lombard, le problème du mouvement des projectiles dans l'air se trouve résolu.

En effet, à l'aide des tables que nous avons proposées et des formules de Besout modifiées, on peut résoudre tous les problèmes qui se rapportent au tir des canons, des obusiers et des armes à feu portatives, et si, comme l'expérience semble l'indiquer, la résistance de l'air est exactement proportionnelle au carré de la vitesse à partir de celles de 200 à 210 m. Les travaux de Lombard, basés sur la théorie asymptotique d'Euler donnent exactement tout ce qui est relatif au mouvement des bombes. Car la vitesse de celles-ci est presque toujours moindre que 210 m. D'ailleurs, l'équation de Besout et celle approximative que nous avons donnée, représentent assez bien le mouvement des bombes.

On pense assez généralement que l'emploi des valeurs variables de μ s'oppose à ce qu'on puisse appliquer les résultats obtenus par Hutton au calcul des trajectoires des mobiles tirés sous de grands angles et avec de grandes vitesses. Cependant, il n'en est rien, et il n'y a d'autres difficultés que la lenteur des opérations.

Malheureusement il n'en est point ainsi, et il

Ainsi, par exemple, supposons qu'on veuille obtenir la portée d'un boulet de 24 lancé sous l'angle de 45° avec une vitesse de 500^m par seconde.

On prendra une abcisse de 50 à 100^m, suivant le degré d'approximation qu'on voudra obtenir, α étant l'angle de projection $\dfrac{a}{\cos. \alpha}$ sera sensiblement la longueur du premier arc.

A l'aide de la table des vitesses restantes, N° 4, on cherchera la vitesse à l'extrémité de l'arc $\dfrac{a}{\cos. \alpha}$ V_1 étant cette vitesse, on prendra pour μ la valeur répondant à $\dfrac{V + V_1}{2}$.

Connaissant la valeur de μ , et l'abcisse $x = a$, au moyen de l'équation de la trajectoire et des formules qui on été données, on calculera $y = b$, tang. $\omega =$ tang. α', $v = V'$.

Transposant l'origine des coordonnées au point M, pour lequel on a $x = a$, $y = b$, on prendra $x = a'$ pour abcisse, la vitesse initiale $= V'$ et l'angle de projection $= \alpha'$.

On cherchera la vitesse restante à l'extrémité de l'arc $\dfrac{a'}{\cos. \alpha'}$. Soit V_2 cette vitesse, la valeur de μ' se

s'en faut de beaucoup que la question soit aussi

---

rapportera à la moyenne $\dfrac{V + V_2}{2}$. Connaissant μ' a' α' V', on calculera b' α' V'', et ainsi de suite.

Dans la branche descendante de la trajectoire, les valeurs de y deviennent négatives, ainsi que les tengentes ; en sorte qu'on aura :

$$B = b + b' + b'' + b'''\ldots\ldots \quad -b_o - b_1 - b_2 - b_3 \ldots\ldots$$
$$\text{et } A = a + a' + a'' + a''\ldots\ldots$$

La portée cherchée répond évidemment à $B = 0$. Il sera nécessaire d'accompagner ces calculs d'une construction graphique qui donnera exactement la portée par l'intersection de la courbe avec l'axe des x.

On obtiendra une exactitude suffisante en calculant la trajectoire par un seul arc à partir du point où la vitesse est réduite à 200 m. ou environ, en employant la formule approximative :

$$- Y_m = X\,\text{tang.}\,\varphi - \frac{g\,X^2}{2\,V_m^2\,\cos.^2\varphi}\left(1 + \frac{2}{3}\frac{K\,n\,b\,X}{\cos.\,\varphi}\right);$$

Y_m étant l'ordonnée du point où la vitesse est réduite à 200 m. ou environ, V_m la vitesse en ce point, et l'inclinaison.

avancée, et si les formules, dont nous venons de parler, se rapprochent beaucoup plus de l'expérience qu'on ne le croyait communément, elles ne peuvent pourtant pas être considérées comme étant parfaitement exactes. Puis, l'expression de la résistance de l'air avec toutes ses variations doit pouvoir se formuler par une relation mathématique continue, qui permette de l'introduire dans les calculs, sans être obligé d'avoir recours aux tables que nous avons données, ou à tout autre du même genre.

On sait que Robins est le premier qui ait reconnu que la résistance de l'air croissait dans un rapport plus grand que la vitesse. On a proposé diverses hypothèses pour tenir compte des variations de cet accroissement; mais, malgré les travaux des savants, la véritable loi de la résistance que l'air oppose au mouvement des projectiles est encore à trouver, même d'une manière empirique ; et, tant que cette loi ne sera pas connue, on ne pourra guère considérer les travaux sur la balistique que comme des exercices de calcul. C'est sans doute ce qui a déterminé les maîtres de la science, après l'insuccès des Euler et des Legendre, et d'une foule de savants illustres, à abandonner cette recherche : abandon, qui est réellement une chose très-fâcheuse pour l'artillerie, dont la pratique se réduit finalement, à la connaissance approfondie de la trajectoire que décrivent les projectiles dans l'air.

Aujourd'hui l'artillerie de toutes les nations de l'Europe possède des séries d'expériences très-exactes sur le tir des diverses bouches à feu dont elles font usage ; on peut donc arriver à la détermination de la trajectoire moyenne, et, en essayant toutes les lois de résistance qui ne s'écartent pas trop des indications du pendule balistique, et qui s'accordent avec les portées obtenues pour les grandes distances, on arriverait peut-être à la détermination des véritables lois du mouvement, car le hasard joue son grand rôle dans les sciences physico-mathématiques et dans tous les travaux de l'intelligence humaine. Toutefois, je le répète, je crois qu'il est impossible de déduire la forme de la trajectoire, des vitesses restantes trouvées à l'aide du pendule.

On conçoit, en effet, que les indications du pendule étant d'autant plus exactes que la vitesse est plus grande, la première partie de la trajectoire, concordera sensiblement avec les résultats de l'expérience, mais au delà d'une certaine limite, la trajectoire théorique s'abaissera indéfiniment au-dessous de la trajectoire réelle. C'est, en effet, ce qui résulte de l'examen auquel nous nous sommes livrés dans le chapitre IV, à l'occasion du tir du canon de 12 de réserve.

Hutton semble avoir compris que les petits calibres sont bien plus propres à faire connaître la loi de la résistance de l'air que les gros, parce que les arcs parcourus avec la même vitesse étant plus courts, il arrive que, pour les distances maximum auxquelles on peut tirer contre le pendule (90 m. environ), les vitesses varient dans des limites d'autant plus étendues que le calibre du projectile est plus faible. Nous avons fait voir comment la balle du fusil pouvait servir à vérifier les lois de la résistance de l'air dans les derniers instants du trajet du mobile ; et, en effet, quelque grandes que soient les difficultés que présente la détermination de la vitesse restante d'une balle à 600 m., à l'aide de cibles électriques, cependant l'opération n'est pas réellement impossible, tandis qu'on ne saurait même pas songer à tirer sur un but quelconque à 3,200 m. avec le meilleur canon de 24.

On pourrait pe t-être substituer à la balle de

plomb une balle de zinc, qui, étant beaucoup plus légère, n'a pas besoin d'être tirée à une aussi grande distance, ni sous un si grand angle de projection que la balle de plomb, pour avoir la même vitesse restante.

La densité du plomb étant de 11.35, celle du zinc de 7.19, les intervalles tabulaires, chap. IV, au lieu d'être de 11 m. 78, seront de

$$11.78 + \frac{7.19}{11.45} = 7^m.46 \ . \ .$$

La vitesse initiale de la balle du fusil étant de 447 m. 37 environ, pour descendre à la vitesse de 66.51 on a : 1.35 — 0.125 = 1.225 pour la différence des cotes ; ce qui correspond à 49 intervalles de 0.025, ou à $49 \times 7.46 = 365^m5. \ldots$

Quoi qu'il en soit, la balle ronde du fusil d'infanterie me paraît démontrer l'insuffisance des méthodes balistiques actuelles. Je vois dans l'*Aide-Mémoire d'artillerie* de 1856, page 909, que la vitesse maximum de chute d'une balle de 16 mil. 7 est de 62 m.

J'ai ouï dire autrefois, que, d'après quelques essais, la balle de fusil de 16 mil. 1 (de 20 à la livre), tirée verticalement et retombant à terre, s'enfonce très-peu et reste à la surface du sol; qu'elle ne laisse qu'une faible empreinte sur des planches de sapin ou de bois tendre; que, par conséquent, elle ne pourrait être dangereuse pour le soldat, qu'en supposant que celui-ci fût frappé dans des parties nues de son corps.

La vitesse de chute de la balle de 16 mil. 7 n'excédant que d'environ 1 m. celle de la balle de 1 mil. 1, ce que nous venons de dire pour l'ancienne balle s'applique évidemment à la nouvelle.

M. le colonel du génie Augoyat, dans un Mémoire sur les feux verticaux, admet, comme résultat d'expérience qu'une balle de fusil tombant d'une hauteur indéfinie, ne peut être dangereuse pour le soldat, qu'en supposant que celui-ci ait la tête nue.

D'après les méthodes actuelles de calcul, la vitesse restante d'une balle ronde de 16 mil. 7, lancée à 600 m avec une vitesse initiale de 450 m., est de 67 m. 6. Or, si la balle animée d'une vitesse de 62 m. n'est pas plus dangereuse que nous venons de le dire, il me paraît fort douteux que la tesse de 67 m. 3 la rende beaucoup plus redoutable.

Cependant, nous avons déjà dit que l'expérience avait démontré que la balle du fusil était encore très-meurtrière à 600 mèt. ; qu'elle perçait un panneau de 20 mil. d'épaisseur ; ce qui me paraît exiger une vitesse d'environ 90 m. par seconde.

D'après cela, il me semble évident que les vitesses restantes que fournissent les théories actuelles pour le tir aux grandes distances, sont trop faibles. Il serait donc à désirer que l'on recherchât, à l'aide d'expériences bien faites, si une balle ronde de 16 mil. 7, animée d'une vitesse de 60 à 70 m., peut percer un panneau de peuplier, de 20 mil. d'épaisseur.

Le pendule électro-balistique rendrait ces essais très-faciles. On ferait usage de deux cibles électriques ; on placerait derrière la deuxième cible un panneau en peuplier destiné à servir de but. Tirant ensuite quelques balles à la charge de 1 g. au plus sur les deux cibles, on arriverait facilement à la solution de cette question.

Dans les quelques mots que nous avons dit dans le chapitre précédent sur les appareils électrobalistiques, il s'est glissé quelques erreurs que nous rectifierons lorsque nous nous occuperons de ce sujet important, nous devons à l'obligeance du sa-

vant M. Navez, quelques observations dont nous
tâcherons de tirer profit, nous saisissons ici l'occasion de lui en témoigner toute notre gratitude(1).

(1) L'erreur que nous avons commise est d'avoir dit que
l'électricité dynamique réside à la surface des corps, comme
l'électricité statique. Voici ce qui m'avait conduit à cette
conclusion, j'avais substitué dans une pile de Bunsen, for-
mée de deux éléments, à une partie du fil de cuivre, une
certaine longueur, 1 m. environ, de corde à boyau recou-
verte d'un filigrane en cuivre, et pour éviter toute solution
de continuité dans l'enveloppe, j'avais frotté cette corde avec
un peu de mercure. Cette corde et le fil de cuivre étant
exactement de même diamètre, les indications du rhéomètre
étaient les mêmes pour la corde et pour le fil. D'après cela,
j'avais conclu que l'électricité dynamique se mouvait à la
surface des corps. J'expliquais la diminution d'intensité du
courant pour les fils de faible dimension par l'effet de la résistance de l'air et des divers milieux et peut-être de l'éther.
et aussi à la diffusion du fluide dans l'espace par suite de
sa force répulsive.

Ces expériences étant fort anciennes, je priai un de mes
amis, très-habile chimiste et bon physicien, de les répéter
Il semble résulter des faits observés, que les tubes ont une
faculté conductrice proportionnelle à leur section annullaire,
et que parconséquent le mouvement du fluide électrique
s'effectue dans la masse du fil conducteur et non à sa surface.

Ce qu'il y a de remarquable, c'est que dans l'hypothèse
que j'avais admise, je trouvais que la faculté conductrice
des fils était proportionnelle au carré de leur diamètre, mais
les expériences sur les tubes renversent complétement ma
théorie.

Nous allons examiner dans ce qui va suivre, les différentes hypothèses proposées, ou admissibles, pour tenir compte des variations que subit la résistance de l'air, suivant la vitesse dont le mobile est animé.

Nous venons de faire voir le parti qu'on pourvait tirer de l'hypothèse de la résistance de l'air proportionnelle au carré de la vitesse, en se servant des expériences faites sur le tir au pendule balistique.

Nous avons reconnu que l'hypothèse de la résistance de l'air proportionnelle à la vitesse permettait d'obtenir l'équation exacte de la trajectoire, mais que l'emploi de cette courbe était difficile et limité aux mouvements lents et de peu d'étendue.

Nous observerons que c'est aussi, seulement dans cette hypothèse, qu'on peut obtenir directement l'angle de la plus grande portée, et bien que l'expression dont il s'agit ne soit pas applicable aux autres hypothèses, elle jette néanmoins un certain jour sur la valeur de cet angle. Il est malheureux que cette loi ne s'accorde pas mieux avec les résultats de l'expérience.

§ I.

Lorsque l'expression de la résistance de l'air

ne renferme qu'un seul terme, on peut poser :

$$R = nv^{\frac{p+q}{q}}$$

L'équation du mouvement parallèlement à l'axe des x est :

$$d.\ \frac{dx}{dt} = -\,nv^{\frac{p+q}{q}}\ \frac{dx}{ds}\ dt = -\,nv^{\frac{p}{q}}\ dx.$$

Différentiant cette équation en supposant $d\,x$ constant, on obtient :

$$\frac{d^2 t}{dt^2} = nv^{\frac{p}{q}} = n\left(\frac{ds}{dt}\right)^{\frac{p}{q}}.$$

Cela posé, nous savons qu'on a, quelle que soit la loi de résistance adoptée, $g\ dt^2 = -\,dx\,dz$. Différentiant cette équation en supposant toujours dx constant et divisant la différentielle par la valeur première, on trouve : $\dfrac{d^2 t}{dt^2} = \dfrac{d^2 z}{2dt\,dz}$. Égalant les valeurs de $\dfrac{d^2 t}{dt^2}$ on obtient : $n\left(\dfrac{ds}{dt}\right)^{\frac{p}{q}} = \dfrac{d^2 z}{2\,dt\,dz}$.

Elevant à la puissance q et ensuite au carré, on a :

$$\left(\frac{d^2 z}{2\, dt\, dz}\right)^q = n^q \left(\frac{ds}{dt}\right)^p \text{ puis } \frac{n^{2q}\, ds^{2p}}{dt^{2p}} = \left(\frac{d^2 z}{2\, dz}\right)^{2q} dt^{2q}.$$

Telle est l'équation différentielle de la trajectoire, en supposant dx constant. Si l'on met à la place de ds et de dt^2 leur valeur, on a :

$$\frac{n^{2q}\, g^{p-q}\, dx^{p+q}\, (1+z^2)^p}{(-dz)^{p-q}} = \left(\frac{d^2 z}{z\, dz}\right)^{2q} .$$

qui est l'équation différentielle en z et x.

Pour avoir l'équation en fonction de x et de y, nous observerons que dx étant constant, on a :

$$z = \frac{dy}{dx}, \; dz = d.\frac{dy}{dx} = \frac{d^2 y}{dx}, \; d^2 z = \frac{d^3 y}{dx} .$$

Substituant, il vient :

$$\frac{n^{2q}\, g^{p-q}\, dx^{p+q}\left(1+\frac{dy^2}{dx^2}\right)^p}{\left(-\frac{d^2 y}{dx}\right)^{p-q}} = \left(\frac{d^3 y}{2\, d^2 y}\right)^{2q},$$

et finalement :

$$\frac{n^{2q}\, g^{p-q}\, \left(dx^2 + dy^2\right)^p}{\left(- d^2y\right)^{p-q}} = \left(\frac{d^2y}{2\, d^2y}\right)^{2q} \ \text{(B)} \ .$$

Pour passer de dx constant à dx variable, il faudra substituer à la place de $\frac{d^2y}{dx}$, $d \cdot \left(\frac{dy}{dx}\right)$, et à la place de $\frac{d^2y}{dx}$, $d \cdot {}^2\left(\frac{dy}{dx}\right)$, en faisant tout varier ; mais on ne trouvera aucun avantage à faire ce changement, du moins, en général.

Pour appliquer cette formule, supposons qu'on ait $p = 1$, $q = 1$, on aura $\frac{p+q}{q} = 2$, et, partant, $R = n v.^2$. C'est le cas de la résistance proportionnelle au carré de la vitesse.

L'équation (B) devient, dans ce cas :

$$n^2 ds^2 = \left(\frac{d^2y}{2\, d^2y}\right)^2, \ \text{ou} \ 2\, n\, ds = \frac{d^2y}{d^2y},$$

$$\text{ou} \ 2\, n\, dx\sqrt{1 + z^2} = \frac{d^2y}{d^2y},$$

mais $z . = \dfrac{dy}{dx}, dz = \dfrac{d^2y}{dx}, \quad d^2z = \dfrac{d^3y}{dx} \ldots\ldots$ dx étant toujours supposé constant, on aura donc :

$$\frac{d^3y}{d^2y} = \frac{d^2z}{dz} = 2\,n\,dx\,\sqrt{1+z^2}, \quad \text{ou plutôt :} \quad \frac{d^2z}{dx} = 2\,n\,dz\,\sqrt{1+z^2},$$

dont l'intégrale est : $\dfrac{dz}{dx} = 2\,n\int dz\cdot\sqrt{1+z^2}$.

On sait qu'on a :

$$\int dz\,\sqrt{1+z^2} = \tfrac{1}{2}\left(z\sqrt{1+z^2} + \log.\left(z+\sqrt{1+z^2}\right)\right).$$

De l'équation $\dfrac{dz}{dx} = 2\,n\int dz\,\sqrt{1+z^2}$, on tire :

$$= \frac{dz}{2\,n\int dz\,\sqrt{1+z^2}}\;, \qquad x = \int\frac{dz}{2\,n\int dz\,\sqrt{1+z^2}}$$

$$dy = z\,dx = \frac{z\,dz}{2\,n\int dz\,\sqrt{1+z^2}}\;, \qquad y = \int\frac{z\,dz}{2\,n\int dz\,\sqrt{1+z^2}}$$

$$ds = \frac{dz\sqrt{1+z^2}}{2n\int dz\sqrt{1+z^2}}, \quad s = \frac{1}{2n}\log.\int dz\sqrt{1+z^2}.\ \Big)$$

$$\frac{ds}{dt} = v = \sqrt{\frac{g}{2n}\frac{(1+z^2)}{\int dz\sqrt{1+z^2}}} \quad dt = -\frac{dz}{\sqrt{2ng}\sqrt{\int dz\sqrt{1+z^2}}}$$

$$\text{et } t = \int \frac{dz}{-\sqrt{2ng}\sqrt{\int dz\sqrt{1+z^2}}} \; ; \text{ ce qui est tout à fait}$$

conforme à ce que nous avons déjà trouvé.

Pour calculer la constante relative à l'intégrale, nous observerons qu'on a $\dfrac{dx}{dt} = \dfrac{v}{\sqrt{1+z^2}} = v\cos.\omega$ à l'origine $\dfrac{dx}{dt} = \mathrm{V}\cos.\alpha$.

$$\text{On aura ainsi : } \frac{dx}{dt} = \sqrt{\frac{g}{2n\int dz\sqrt{1+z^2}}}.$$

$$\text{Or, } \int dz\sqrt{1+z^2} = \frac{1}{2}\Big(z\sqrt{1+z^2} + \log.(z+\sqrt{1+z^2})\Big),$$

il viendra donc pour déterminer c :

$$V^2 \cos.^2 \alpha =$$

$$\frac{g}{m\left(c + \frac{1}{2}\, \text{tang.}\,\alpha\, \sqrt{1 + (\text{tang.}^2\alpha} + \log.\,(\text{tang.} + \sqrt{1 + t.^2\alpha}\,\right)}$$

d'où l'on tire :

$$c = \frac{g}{2\,n\,V^2 \cos.^2\alpha}$$

$$-\frac{1}{2}\left(\text{tang.}\,\alpha\,\sqrt{1 + t^2\alpha} + \log.\,(\text{tang.}\,\alpha + \sqrt{1 + \text{tang}^2\,\alpha}\,\right)$$

Dans l'hypothèse de Besout, on fait $\sqrt{1 + z^2} = b z$.
Nous ne répéterons pas les calculs que nous avons
déja donnés à cette occasion.

Borda intègre l'équation de la trajectoire en supposant que la densité de l'air soit variable, rem-
plaçant dans la valeur de n, δ par $\frac{\delta\cos.\,\omega}{\cos.\,\alpha}$, ou n par
$\frac{n}{\cos.\,\alpha\,\sqrt{1 + z^2}}$. Introduisant cette valeur dans les
équations précédentes, on voit que cela revient à
supposer $b = 1$ et $n = \frac{n}{\cos.\,\alpha}$ dans les formules
de Besout.

Et l'on obtient alors (chapitre IV) :

$$= \text{tang. } \alpha - \frac{g}{2\,n\,V^2} \left(e^{\frac{2\,nx}{\cos.\,\alpha}} - 1 \right)$$

$$y = x\,\text{tang. } \alpha - \frac{g}{4\,n^2\,V^2} \left(e^{\frac{2\,nx}{\cos.\,\alpha}} - \frac{2\,nx}{\cos.\,\alpha} - 1 \right)$$

$$v = \frac{V\,\cos.\,\alpha\,\sqrt{1+z^2}}{\sqrt{1 + \frac{2\,n\,V^2}{g}\left(\text{tang. } \alpha - z\right)}} \,, \quad t = \frac{1}{n\,V}\left(e^{\frac{nx}{\cos.\,\alpha}} - 1 \right).$$

Dans le tir sous de petits angles, cos. $\alpha = 1$, et
on retombe exactement alors sur l'équation de
Besout, dont nous avons déjà apprécié la valeur.
Quant au tir sous de grands angles, comme la fonction $\frac{1}{\sqrt{1+z^2}}$ va en augmentant , à mesure que le
projectile s'élève il y a exagération de la résistance
de l'air, surtout pour la branche ascendante, où la
vitesse est plus la grande ; il en résulte donc que
la valeur de y est généralement trop petite.

Si l'on développe l'équation précédente, on a :

$$y = x\, t\, \alpha - \frac{g}{4\, n^2\, V^2}\left(\frac{4\, n^2\, x^2}{1.2.\cos.^2 \alpha} + \frac{8\, n^3\, x^3}{1.2.3.\cos.^3 \alpha} + \frac{10\, n^4\, x^4}{1.2,3:4\,\cos.^4 \alpha}\right.$$
$$\ldots + \ldots \text{ etc.}$$

$$\text{ou } y = x\, \tang.\alpha - \frac{g\, x^2}{2V^2 \cos.^2 \alpha}\left(1 + \frac{2}{3}\frac{n\, x}{\cos.\alpha} + \frac{1}{3}\frac{n^2\, x^2}{\cos.^2 \alpha} + \ldots\right);$$

équation qui ne diffère de celle de Besout qu'en ce que les termes entre parenthèses sont divisés par cos. α .

Dans la pratique et pour les arcs de trajectoire qu'on a besoin de considérer, on peut poser :
$$y = x\, \tang.\alpha - \frac{g\, x^2}{2\, V^2 \cos.^2 \alpha}\left(p + \frac{q\, n\, x}{\cos.\alpha}\right),$$
p et q étant des coefficients déterminés par deux expériences.

Borda, considérant que l'équation que nous venons de donner ne saurait convenir pour le tir sous des angles très-ouverts, remplace n par
$$\frac{n\, dx + m\, dy}{dx} = \frac{n + mz}{\sqrt{1 + z^2}} \ldots$$
Mais on conçoit que dy devenant négatif dans la branche descendante, il est nécessaire de considérer séparément les deux branches de la trajectoire.

Si l'on substitue la valeur de n dans le de v, on a, en intégrant de suite :

$$v = \sqrt{\frac{g\,(1 + z^2)}{c - 2\,nz - mz^2}}\; ; \text{ ou } v^2 = \frac{g\,(1 + z^2)}{c - 2\,nz - mz^2}$$

à l'origine $z = \text{tang.}\,\alpha$, et il vient :

$$c = m\,\text{tang.}^2\,\alpha + 2\,n\,\text{tang.}\,\alpha + \frac{g}{V^2\cos.^2\,\alpha} \cdot \cdot \cdot \cdot$$

La vitesse au sommet de la courbe est alors :

$$v_0 = \frac{g}{c} \cdot \cdot \cdot \cdot$$

Quant à la branche ascendante on a :

$$dx = \frac{dz}{c + 2\,nz + mz^2} \cdot$$

Pour la branche descendante, on aurait à substituer $\dfrac{n - mz}{\sqrt{1 + z^2}}$ à la place de n.

Toutefois les formules qu'on obtient sont trop compliquées pour devenir usuelles ; il en est de même des formules de Legendre et de toutes celles des géomètres qui sont entrés dans cette voie.

La formule $R = - n \left(\dfrac{ds}{dt} \right)^{\frac{p}{q} + 1}$ représentant la résistance de l'air en général, lorsque cette résistance est exprimée par un seul terme algébrique, cherchons les équations du mouvement dans cette hypothèse.

Nous aurons pour l'équation du mouvement parallèlement à l'axe des x :

$$d \cdot \frac{dx}{dt} = - n \left(\frac{ds}{dt} \right)^{\frac{p}{q} + 1} \frac{d\dot{x}}{ds} \, dt \cdot \cdot \cdot \quad (1)$$

qui se réduit à : $d \cdot \dfrac{dx}{dt} = - n \left(\dfrac{ds}{dt} \right)^{\frac{p}{q}} dx \cdot \quad (2)$

Mais nous avons $ds = dx \sqrt{1 + z^2}$.

Il viendra donc, en supposant dt constant :

$$d^2 x = - n \left(\frac{dx}{dt}\right)^{\frac{p}{q}} (1 + z^2)^{\frac{p}{2q}} \frac{dx}{dt} \, dt^2 ,$$

$$\frac{d^2 x}{\left(\dfrac{dx}{dt}\right)^{\frac{p+q}{q}}} = - n (1 + z^2)^{\frac{p}{2q}} dt^2 .$$

Multipliant les deux nombres par g, et observant qu'on a $g\, dt^2 = - dx\, dz$, il viendra :

$$\frac{g\, d^2 x}{\left(\dfrac{dx}{dt}\right)^{\frac{p+q}{q}}} = n (1 + z^2)^{\frac{p}{2q}} dx\, dz; \quad \text{puis :}$$

$$g \, \frac{\dfrac{d^2 x}{(dx)^{\frac{p+q}{q}} + 1}}{(dt)^{\frac{p+q}{q}}} = n (1 + z^2)^{\frac{p}{2q}} dz .$$

Intégrant, il vient :

$$\frac{g\, q}{p+1} \left(\frac{dt}{dx}\right)^{\frac{p+q}{q}} = c - n \int dz\, (1 + z^2)^{\frac{p}{2q}} .$$

En général, le terme $\displaystyle\int dz\,\left(\sqrt{1+z^2}\right)^{\frac{p}{q}}$ . . . . . .
ne pourra être intégré que par approximation. Si
on développe le binome, on aura :

$$(1+z^2)^{\frac{p}{2q}} = 1 + \frac{p}{2q}z^2 + \frac{p}{4q}\left(\frac{p}{2q}-1\right)$$

$$z^4 + \frac{p}{12q}\left(\frac{p}{2q}-1\right)\left(\frac{p}{2q}-2\right)z^6$$

et la valeur de $\displaystyle\int dz\,(1+z^2)^{\frac{p}{2q}}$ deviendra :

$$z + \frac{pz^3}{6q} + \frac{p}{20q}\left(\frac{p}{2q}-1\right)z^5 + \frac{p}{84q}\left(\frac{p}{2q}-1\right)\left(\frac{p}{2q}-2\right)z^7 + \ldots$$

$$= z\left(1 + \frac{pz^2}{6q} + \frac{p}{20q}\left(\frac{p}{2q}-1\right)z^4 + \frac{p}{84q}\left(\frac{2q}{p}-1\right)\times\right.$$

$$\left.\times\left(\frac{p}{2q}-2\right)z^6 + \ldots\right).$$

Quelle que soit la valeur de l'exposant $\frac{p}{2q}$, dans
le tir sous de petits angles, la valeur de la série
qui multiplie la valeur de z ne différera que très-

peu de l'unité ; en sorte qu'on pourra poser pour le tir des canons, obusiers et armes à feu portatives :

$$\int dz\,(1+z^2)^{\frac{p}{2q}} = a z .$$

Par conséquent, on aura :

$$\frac{g\,q}{p+q}\left(\frac{dt}{dx}\right)^{\frac{p+q}{q}} = C - n\,a\,z$$

$$c\,t\,\frac{dt}{dx} = \left[\frac{p+q}{g\,q}\,(C - n\,a\,z)\right]^{\frac{q}{p+q}} (3).$$

Élevant au carré et multipliant par g, on a :

$$g\,dt^2 = g\,dx^2\left[\frac{p+q}{g\,q}\,(C - n\,a\,z)\right]^{\frac{2q}{p+q}} = -\,dx\,dz\,;$$

partant :
$$dz = -\,g\,dx\left[\frac{p+q}{g.q}\,(C - n\,a\,z)\right]^{\frac{2q}{p+q}}$$

et
$$g\,dx = -\,\frac{\left(\dfrac{g\,q}{p+q}\right)^{\frac{2q}{p+q}} dz}{(C - n\,a\,z)^{\frac{2q}{p+q}}}\,;$$

Intégrant, on obtient ·

$$g\,x = C' + \frac{p+q}{n\,a(p-q)} \left(\frac{g\,q}{p+q}\right)^{\frac{2\,q}{p+q}} (C - naz)^{\frac{p-q}{p+q}} ;$$

d'où l'on tire, après avoir effectué les réductions,

$$(gx - C')^{\frac{p+q}{p-q}} = \frac{(p+q)\,(g\,q)^{\frac{2\,q}{p-q}}}{[n\,a\,(p-q)]^{\frac{p+q}{p-q}}} (C - naz) ,$$

et

$$C - naz = (gx - C')^{\frac{p+q}{p-q}} \frac{[n\,a(p-q)]^{\frac{p+q}{p-q}}}{(p+q)\,(gp)^{\frac{2\,q}{p-q}}} \qquad (4) .$$

Pour déterminer les constantes : si dans l'équation (3) on suppose $x = 0$, on aura $z = $ tang. α ; soit $V\cos.\,\alpha = V_0$, il viendra :

$$\frac{1}{V_0} = \left[\frac{p+q}{g\,p}(C' - n\,a\,\text{tang. }\alpha)\right]^{-\frac{q}{p+q}} ,$$

et, par conséquent, $C = na \tang. \alpha + \dfrac{gq}{p+q} \dfrac{1}{(V_0)^{\frac{p+q}{q}}}$.

Les mêmes suppositions étant introduites dans l'équation (4) donnent :

$$\frac{gq}{p+q} \frac{1}{(V_0)^{\frac{p+q}{q}}} = (-C')^{\frac{p+q}{p-q}} \frac{[\,na\,(p-q)\,^{\frac{p+q}{p-q}}}{(p+q)\,(g\,q^{\frac{2g}{p-q}}}\,,$$

qui se réduit à :

$$C' = -\frac{1}{V_0^{\frac{p+q}{q}}} \frac{gq}{na\,(p-q)}\,.$$

Substituant dans l'équation (4), on obtient :

$$C - naz = \frac{gq}{p+q} \left[\frac{(p-q)}{q}\,nax + \frac{1}{(V_0)^{\frac{p-q}{q}}} \right]^{\frac{p+q}{p-q}} \tag{3}.$$

Si nous introduisons cette valeur dans l'équation (3) renversée, nous aurons :

$$\frac{dx}{dt} = v_0 = \cfrac{\,}{\left[\left(\frac{p-q}{q} \right) n a x + \cfrac{1}{(V_0)^{\frac{p-q}{q}}} \right]^{\frac{q}{p-q}}} \quad (6) ;$$

et à cause de $ds = dx \sqrt{1 + z^2}$,

$$\frac{ds}{dt} = v = \cfrac{\sqrt{1 + z^2}}{\left[\left(\frac{p-q}{q} \right) n a x + \left(\frac{1}{V_0} \right) \frac{p-q}{q} \right]^{\frac{q}{p-q}}} \quad (7) .$$

L'équation (5) devient, en mettant au lieu de C sa valeur :

$$z = \text{tang. } a + \frac{g\,q}{n a (p+q)} \cdot \frac{1}{V_0 \frac{p+q}{q}}$$

$$\frac{g\,q}{n a (p+q)} \left[\frac{p-q}{q} n a x + \cfrac{1}{V_0 \frac{p-q}{q}} \right]^{\frac{p+q}{p-q}} \quad (8).$$

On tire de l'équation (6) :

$$\frac{p-q}{q} n a x + \cfrac{1}{V_0 \frac{p-q}{q}} = \cfrac{1}{V_0 \frac{p-q}{q}} .$$

Substituant dans l'équation (8), il vient :

$$z = \operatorname{tang} \alpha - \frac{g\,q}{n\,a\,(p+q)} \left[\frac{1}{V_0^{\frac{p+q}{q}}} - \frac{1}{v_0^{\frac{p+q}{q}}} \right] \quad (9).$$

Passons maintenant à la détermination de la trajectoire : Mettant à la place de z, $\dfrac{d\,y}{d\,x}$ et intégrant, on obtient :

$$y = x \operatorname{tang.} \alpha + \frac{g\,q\,x}{n\,a\,(p+q)\ V^{\frac{p+q}{q}}} -$$

$$\frac{g\,q^2}{2\,n^2\,a^2\,p\,(p+q)} \left[\left(\frac{p-q}{q} n\,a\,x + \frac{1}{V_0^{\frac{p-q}{q}}} \right)^{\frac{2p}{p-q}} \right] - C''$$

A l'origine :

$$x = 0,\ y = 0,\ \text{et } C'' = - \frac{g\,q^2}{2\,n^2\,a^2\,p\,(p+q)} \quad \frac{1}{V_0^{\frac{2p}{q}}}$$

en sorte que l'équation générale de la trajectoire devient :

$$y = x \, \text{tang.} \, \alpha + \frac{g \, q \, x}{n \, a \, (p+q) \, V_0 \frac{p+q}{q}} -$$

$$\frac{g \, q^2}{2 \, n^2 a^2 p \, (p+q)} \left[\left(\frac{p-q}{q} \, n \, a \, x + \frac{1}{V_0 \frac{p-q}{q}} \right) \frac{2p}{p-q} - \frac{1}{V_0 \frac{2p}{q}} \right] (10)$$

ou encore :

$$y = x \, \text{tang.} \, \alpha + \frac{g \, q \, x}{n \, a \, (p+q) \, V_0 \frac{p+q}{q}} -$$

$$\frac{g \, q^2}{2 \, n^2 a^2 p \, (p+q)} \left[\frac{1}{v_0 \frac{2p}{q}} - \frac{1}{V_0 \frac{2p}{q}} \right] (11).$$

L'équation (6) $\dfrac{dx}{dt} = \dfrac{1}{\left[\dfrac{p-q}{q} \, n \, a \, x + \dfrac{1}{V_0 \frac{p-q}{q}} \right] \frac{q}{p-q}}$

donne $dt = dx \left[\dfrac{p-q}{q} \, n \, a \, x + \dfrac{1}{V_0 \frac{p-q}{q}} \right] \frac{q}{p-q}$

Intégrant, il vient :

$$t = C''' + \frac{q}{pan}\left[\frac{p-q}{q}\,nax + \frac{1}{V_0\frac{p-q}{q}}\right]^{\frac{p}{p-q}} ;$$

à l'origine $x = 0$, $t =$ et 3 $C''' = -\dfrac{q}{pan}\dfrac{1}{V_0\frac{p}{q}}$.

Substituant, on a :

$$t = \frac{g}{pan}\left[\left(\frac{p-q}{q}\,nax + \frac{1}{V_0\frac{p-q}{q}}\right)^{\frac{p}{p-q}} - \frac{1}{V_0\frac{p}{q}}\right] \quad (12);$$

ou encore : $t = \dfrac{g}{pna}\left[\dfrac{1}{V_0\frac{p}{q}} - \dfrac{1}{V_0\frac{p}{q}}\right]$ (13) .

Si t était connu par l'observation, on aurait :

$$v_0 = \frac{1}{\left(\dfrac{pant}{g_0} + \dfrac{1}{V_0\frac{p}{q}}\right)\frac{p}{q}} \quad (13) \ldots$$

Les formules que nous venons de donner s'appliquent à toutes les hypothèses où la résistance de l'air consiste en un seul terme qui soit une fraction algébrique de la vitesse.

Si la résistance est supposée proportionnelle à la vitesse, on a $p = 0$, $q = 1$. L'équation de la trajectoire devient impossible ; mais si l'on introduit les valeurs de p et de q dans l'équation (8), on a :

$$z = \tan \alpha + \frac{g}{na\sqrt{\cos \alpha}} - \frac{g}{\sqrt{\cos \alpha} - nax} \,,$$

dans laquelle *an* représente *m*; de cette équation il est facile de déduire celle trouvée au chapitre (5). On voit donc que dans ce cas l'équation de la trajectoire ne saurait être algébrique.

Si l'on suppose $p = q = 1$, ou en d'autres termes que la résistance de l'air soit proportionnelle au carré de la vitesse, les valeurs de z et de y deviennent impossibles, et on voit par là quelles ne sont point susceptibles d'être exprimées algébriquement en x.

Mais si l'on a une table des vitesses restantes pour les tirs horizontaux, on a :

$$z = \tan \alpha - \frac{g}{2na}\left[\frac{1}{v_*^2} - \frac{1}{V_o^2}\right] \quad \text{(9 bis)}$$

$$y = x \text{ tang. } \alpha + \frac{g\,x}{2\,n\,a\,V_o^2} - \frac{g}{4\,n^2\,a^2}\left[\frac{1}{v_o^2} - \frac{1}{V_o^2}\right] \quad (11\ bis)\ ;$$

ou encore

$$y = x \text{ tang. } \alpha + \frac{g\,x}{2\,n\,a\,V_o^2} + \frac{1}{2\,n\,a}\,(\text{tang. } \alpha - z) \quad (11\ ter)\ .$$

Equation qui renferme la théorie du tir à ricochet :

La durée du mouvement est donnée par la formule

$$t = \frac{g}{a\,n}\left(\frac{1}{v_o} - \frac{1}{V_o}\right)(13\ bis)\ ;$$

la vitesse restante en fonction du temps, est :

$$v_o = \frac{1}{\dfrac{a\,n\,t}{g} + \dfrac{1}{V_o}} \quad (14\ bis)\ .$$

On voit donc que, dans le cas de la résistance

de l'air proportionnelle au carré de la vitesse, les
éléments essentiels du tir, sont des fonctions algébriques de la vitesse restante. Quant à celle-ci, il
n'est pas possible de l'obtenir autrement qu'en
quantités exponentielles.

L'équation $\dfrac{dx}{dt} = v_o = \dfrac{1}{\left[\dfrac{p-q}{q}\,n\,a\,x + \dfrac{1}{V_o\dfrac{p-q}{q}}\right]^{\frac{q}{p-q}}}$

devient, par la supposition de $p = q$, $v_0 = 1$;
ce qui est impossible. Si on fait $p - q = i$, nous
aurons :

$$v_o = \frac{1}{\left[\dfrac{i}{q}\,n\,a\,x + \dfrac{1}{V_o\,\dfrac{i}{q}}\right]^{\frac{q}{i}}} = \frac{V_o}{\left[\dfrac{i}{q}\,n\,a\,x\,V_o\,\dfrac{i}{q} + 1\right]^{\frac{q}{i}}}$$

$$= V_o\left(1 + \frac{i\,n\,a\,x}{q}\,V_o\,\dfrac{i}{q}\right)^{-\frac{q}{i}} \quad . \quad \text{Soit } q = 1 .$$

Il viendra $v_o = \left(1 + i\,n\,a\,x\,V_o{}^{\,i}\right)^{-\frac{1}{i}} = 1 - n\,a\,x +$

$$\frac{1}{i}\left(\frac{1}{i}+1\right)\frac{i^2 n^2 a^2 x^2}{1.2}-\frac{1}{i}\left(\frac{1}{i}+1\right)\left(\frac{1}{i}+2\right)\frac{i^3 n^3 a^3 x^3}{1.2.3}+\cdots$$

Lorsque $i=0$, $\frac{1}{i}=\infty$ . . . . . Conséquemment, les quantités finies doivent être négligées vis-à-vis de $\frac{1}{i}$ et le produit $\frac{1}{i}\left(\frac{1}{i}+1\right)=\frac{1}{i^2}$ . . . Il en est de même de tous les autres ; alors i disparaît, et l'on a :

$$v_0 = V_0\left(1-\frac{nax}{1}+\frac{n^2 a^2 x^2}{1.2}-\frac{n^3 a^3 x^3}{1.2.3}+\cdots\right.$$

$$= V_0\, e^{-nax} = \frac{V_0}{e^{nax}} .$$

Si maintenant on veut faire usage des valeurs de μ et des tables qui ont été données dans le chapitre IV, on aura :

$$e^{nax} = \frac{V_0}{v_0} ;$$

prenant les logarithmes, il vient :

$$nax = \log.\left(\frac{V_0}{v_0}\right) .$$

Introduisant ces valeurs dans les équations 9 *bis*, 11 *bis*, 13 *bis*, on aura :

$$z = \tan \alpha - \frac{g\,x}{2\,V_0^2\,v_0^2 \left(\operatorname{Log}. \dfrac{V_0}{v_0} \right)} [\,V_0^2 - v_0^2\,] =$$

$$\tan \alpha - \frac{g}{2\,n\,a\,V^2\,\cos.^2\alpha}\left[e^{2\,n\,a\,x} - 1 \right]$$

$$y = x \tan \alpha - \frac{g\,x^2}{4\,V^2\cos.^2\alpha \left(\operatorname{Log}. \dfrac{V_0}{v_0} \right)^2}\left[\frac{V_0^2}{v_0^2} - \log. \frac{V_0}{v_0} - 1 \right]$$

$$= x \tan \alpha - \frac{g}{4\,n^2\,a^2\,V^2\,\cos.^2\alpha}\left[e^{2\,n\,a\,x} - 2\,n\,a\,x - 1 \right]$$

$$t = \frac{g\,x}{\operatorname{Log}. \left(\dfrac{V_0}{v^0} \right)}\left(\frac{1}{v_0} - \frac{1}{V_0} \right) = \frac{y}{n\,a\,V\,\cos.\,\alpha}\left(e^{n\,a\,x} - 1 \right)$$

qui sont les équations que nous avons trouvées au chapitre IV, avec cette différence que la quantité que nous avons appelée a, et qui se rapporte au cas général, a été appelée *b* pour l'hypothèse de la résistance de l'air proportionnelle au carré de la vitesse. Si l'en fait $q = 1$ dans l'équation générale, on obtient l'équation de la trajectoire dans le cas où la résistance de l'air est exprimée par une puissance entière de la vitesse.

Si la résistance de l'air était proportionnelle au cube de la vitesse, on aurait $p = 2$, $q = 1$, etc.

Les équations du mouvement deviendraient :

$$v_0 = \frac{1}{nax + \dfrac{1}{V_0}} \;,\; v_0 = \frac{\sqrt{1 + z^2}}{nax + \dfrac{1}{V_0}}$$

$$x = \text{tang.}\,\alpha + \frac{g}{3\,n\,a\,V_0^3} - \frac{g}{3\,na}\left[nax + \frac{1}{V_0}\right]^3$$

$$y = x\,\text{tang.}\,\alpha + \frac{gx}{3\,a\,V_0^3} - \frac{g}{12\,n^2\,a^2}\left[\left(nax + \frac{1}{V_0}\right)^4 - \frac{1}{V_0^4}\right]$$

$$t = \frac{1}{2\,an}\left[\left(nax + \frac{1}{V_0}\right)^2 - \frac{1}{V_0^2}\right]\,.$$

Pour le tir sous de petits angles, $a=1$ cos. $\alpha =1$ $V_0 = V$, $v = v_0$, et l'on a :

$$v = \cfrac{1}{nx + \cfrac{1}{V}} \; ;$$

d'où l'on tire :

$$n = \frac{1}{x}\left(\frac{1}{v} - \frac{1}{V}\right) \; .$$

Cette équation permettra de chercher s'il ne serait pas possible de trouver une valeur de n qui puisse faire cadrer les formules ci-dessus avec les résultats de l'expérience : on reconnaît bientôt que ces formules ne sont point applicables. En faisant $p = 3$, $q = 2$, on tombe sur l'hypothèse que nous avons examinée ; qui s'accorde assez bien avec les expériences de Hutton.

La formule du premier cahier :

$$v = \cfrac{1}{\left(\cfrac{nx}{2} + \cfrac{1}{V^{\frac{1}{2}}}\right)^2}$$

donne, lorsqu'on multiplie la valeur de n par le coefficient 0.95 des vitesses restantes qui se rapprochent beaucoup de celles déduites des expériences de Metz, d'après le dernier coefficient adopté par le colonel Didion.

Ainsi, en faisant $n = 0.000486 \times 0.95$, valeur qui se rapporte au boulet de 12. En supposant celui-ci animé d'une vitesse initiale de 488 m. 5, on trouve :

DISTANCES	VITESSES		DISTANCES	VITESSES	
	Formules	Tables		Formules	Tables
0	488.5	488.5	1400	166.2	161.1
100	442.3	442.5	1600	148.1	141.5
500	310.2	309.2	1800	132.7	125
600	286.4	283.5	2000	119.7	110.5
800	246.3	245.2	2200	108.4	»
1000	214.2	211.8	2400	98.8	»
1200	187.9	184.4	2600	90.2	»
			2800	82.8	68.8

Ces vitesses restantes s'accordent assez bien avec celles que nous avons déduites des inclinaisons au chapitre **IV**, particulièrement pour le tir aux

grandes distances ; mais à partir de 1100 à 1200 m.,
les trajectoires deviennent trop plongeantes. C'est
ainsi qu'on trouve que l'inclinaison répondant au
tir à 1800 m. est de 7° 20′ en nombre rond, au
lieu d'être de 6° 20′..... et cela, malgré que la vitesse restante soit plus grande que celle qu'on a
déduite de l'inclinaison.

Si la vitesse restante de la balle du fusil à 600^m,
était de 90^m environ, le multiplicateur de n serait 0,9, et la branche descendante de la trajectoire serait moins infléchie.

Les formules qui se rapportent à l'hypothèse
de :

$$R = n\,v^{\frac{5}{2}}$$

se rapprochent assez des expériences de Metz, jusqu'à la distance de 1,000^m. Mais, à partir de cette
distance, les vitesses restantes sont de plus en plus
fortes que celles que donnent les tables ; cependant,
la vitesse à 2,600^m, n'est que de 90^m,2, au
lieu d'être de 91^m, comme nous l'avons déduit de
l'inclinaison.

D'un autre côté, la comparaison faite de la formule :

$$v = \left(\frac{nx}{2} + \frac{1}{V^{\frac{1}{2}}} \right)^2$$

avec les résultats du tir du boulet de 3, démontre
qu'à partir de la vitesse de 207^m (680 pieds anglais),
les vitesses restantes que donne la formule sont
plus petites que celles observées. Il y aurait donc
lieu, peut-être, de modifier le coefficient et l'exposant dans la formule :

$$R = n\,v^{\frac{p+q}{q}}$$

soit : $p = 19$ $q = 12$, on aura :

$$R = n\,v^{\frac{31}{12}}.$$

La formule des vitesses restantes devient dans
ce cas :

$$v = \left(\frac{1}{\frac{7}{12}nx + \frac{1}{V^{\frac{7}{12}}}} \right)^{\frac{12}{7}}.$$

d'où l'on tire :

$$n = \frac{12}{7 \times}\left(\frac{1}{V\frac{7}{12}} - \frac{1}{V\frac{7}{12}} \right)$$

En prenant pour coefficient de concordance le nombre 0,57, il suffira de multiplier les valeurs de n que nous avons calculées dans la première partie par ce nombre, pour avoir celles qui conviennent à cette nouvelle hypothèse.

On trouve que la vitesse restante du boulet est de 139^{m},6 à 1,800^{m} et que l'angle de projection est de 6°,58', au lieu d'être de 6°,20, à 2,600^{m}. On obtient, 97^{m},8 pour la vitesse restante, et 15°45'' pour l'angle de projection. Or, nous avons trouvé pour la vitesse restante 91^{m}, et 13° pour l'angle de tir. Il en résulte donc, que ce n'est point par suite du décroissement trop rapide des vitesses, que la trajectoire théorique ne coïncide pas avec la trajectoire expérimentale, mais bien par suite d'une différence radicale dans la nature des deux courbes.

Cette réflexion s'applique à toutes les théories

connues, attendu que la courbe qu'on obtient dans
l'hypothèse de :

$$R = 0.95 \, n \, v^{\frac{5}{2}}$$

enveloppe toutes les autres, et que cependant elle
est encore beaucoup trop infléchie, ainsi que nous
venons de le faire voir.

Il résulte de là que, jusqu'à présent, la loi de la
résistance de l'air proportionnelle au carré de la
vitesse, avec l'emploi des coëfficients variables de
Hutton, est celle qui s'accorde le mieux avec les
résultats de l'expérience, en supposant toutefois
que l'expression de la résistance de l'air ne renferme qu'un seul terme.

La résistance de l'air peut être exprimée par un
terme de la forme :

$$R = n \, v^2 \, e^{mv}$$

on trouve $m = 0,001577$ en nombre rond. Mais
comme on est conduit, dans ce cas, à des formules
inintégrables, on est obligé de calculer des tables
de la valeur de μ, comme celles que nous avons

données dans la première partie, ce qui oblige à construire une nouvelle table des vitesses restantes et à employer les formules de Besout, en fonction de ces mêmes vitesses.

Voici le tableau des valeurs de μ dans cette hypothèse.

Vitesse.	Valeur de μ.	Vitesse.	Valeur de μ.	Observation.
500	2.20	250	1.48	
450	2.03	200	1.37	La valeur de n peut être celle
400	1.88	150	1.27	donnée 0,86 n, au tableau n° 5.
350	1.74	100	1.17	
300	1.61	50	1.08	

Voir le résumé des diverses hypothèses.

§ II.

Nous allons supposer maintenant que la résistance de l'air est représentée par un polynome de deux ou de trois termes.

Lorsque la résistance de l'air R est représenté
par un polynome, il faut évidemment que ce polynome soit de la forme $A\,v + B\,v^2 + C\,v^3 + \ldots$ etc.;
car on conçoit que quand la vitesse est nulle, on
doit avoir $R = 0$, ce qui n'aurait pas lieu, si le
polynome renfermait un terme indépendant de v.

Une des plus anciennes hypothèses, est celle où
la résistance de l'air est supposée proportionnelle
à la première et à la deuxième puissance de la vitesse. Cette hypothèse a été examinée par Hutton,
et par plusieurs savants géomètres au nombre
desquels se trouve Euler.

Nous conserverons autant que possible les mêmes
dénominations que celles que nous avons em-
ployées dans le chapitre IV, afin qu'on puisse comparer les formules entre elles.

Nous poserons

$$R = n'v\,(a + m'v) = n'v^2\left(m' + \frac{a}{v}\right)$$

a et m étant des quantités dont la valeur et le signe
seront déterminés par l'expérience.

On voit que dans cette hypothèse, la variation de la vitesse est représentée par un arc d'hyperbole dont l'équation est :

$$\mu = m + \frac{a}{v}$$

Or, dans l'expression :

$$R = v\,n^2 \left(m + \frac{a}{v} \right)$$

le terme $\frac{a}{v}$ augmentant à mesure que la vitesse diminue ne saurait être positif, car la valeur de μ croîtrait à mesure que la vitesse diminue ce qui est tout à fait contraire à l'observation.

Après quelques essais on trouve : $m = 2,5$, $a = 210$ m., valeur qu'on ne peut considérer que comme étant provisoires. La valeur de a étant prise négativement, on a : $a = 210$ m.

On pourrait poser :

$$R = a\,n\,v^2 \left(\frac{m}{a} - \frac{1}{v} \right)$$

ou

$$R = a\,n\,v \left(\frac{m\,v}{a} - 1 \right)$$

mais la simplification qui en résulterait ne présenterait que de faibles avantages, nous admettrons que comme pour la table n° 4, on ait :

$$n = 0,86 \times \frac{0,25\,\tilde{\omega}\,\delta\,r^2}{P} = \frac{0,215\,\tilde{\omega}\,\delta\,r^2}{P}$$

afin que la valeur de n ne soit pas trop modifiée.

Cela posé, l'équation du mouvement dans le sens horizontal est :

$$d\,\frac{dx}{dt} = -\,n\,v\,(m\,v - a)$$

et à cause $\frac{ds}{dt} = v$ on a :

$$d\,\frac{dx}{dt} = -\,n\,dx\,(m\,v - a),$$

soit $ds = b\,dx$, ce qui revient à poser : $b = \sqrt{1 + z^2}$, comme l'a fait implicitement Besout, faisons: $\frac{dx}{dt} = u$, on aura :

$$d\,\frac{dx}{dt} = du = -\,n\,dx\,(m\,b\,u - a)$$

puis :

$$\frac{du}{m\,b\,u - a} = -\,n\,dx \quad \text{et} \quad \frac{m\,b\,du}{m\,b\,u - a} = -\,m\,n\,b\,dx$$

intégrant il vient : log. $(m\,b\,u - a) = C - m\,n\,b\,x$, à l'origine :

$$\frac{d\,x}{d\,t} = u = V \cos. \; \alpha = V_0 \; \text{et} \; x = 0$$

et $C = \log. \,(m\,b\,V_0 - a)$ substituant il vient :

$$\log\left(\frac{m\,b\,u - a}{m\,b\,V_0 - a}\right) = -\,m\,n\,b\,x \log. \; e$$

et

$$m\,b\,u - a = e^{-mnbx} \,(m\,b\,V_0 - a)$$

d'où l'on tire :

$$u = \frac{dx}{d\,t} = \frac{1}{m\,b}\left[e^{-mnbx}(m\,b\,V_0 - a) + a\right]$$

si l'angle de projection est assez petit pour qu'on puisse supposer :

$$\text{Cos.} \; \alpha = 1, \; b = 1, \; u = v, \; V_0 = V$$

on aura :

$$v = \frac{1}{m}\left[m\,b\,V_0 - a)\,e^{-mnx} + a\right]$$

formule à l'aide de laquelle on pourra calculer le tableau des vitesses restantes comme on l'a fait pour les tables n°s 4 et 6, données au chapitre 4.

Introduisant dans cette équation les coëfficients numériques donnés plus haut, on a :

$$v = \frac{1}{2.5}\left[210 + \frac{(2.5V - 210)}{e^{\,2.5nx}}\right]$$

Si l'on suppose les intervalles $n\Delta x = 0.025$, on aura

$$v = \frac{1}{2.5}\left[210 + \frac{2.5V - 210}{e^{0.0625}}\right]$$

Formule à l'aide de laquelle on reproduit presque exactement la table en question depuis la vitesse de 579^m jusqu'à celle de 156^m répondant à la cote 0.75. Au-delà, les vitesses qu'on obtient se rapprochent davantage de la table n° 6, mais avec un décroissement moins rapide. Toutefois les valeurs de a et de m que nous

avons données cessent d'être applicables au-
dessous de la vitesse restante de 100ᵐ.

Comme, dans les tirs horizontaux, les projectiles perdent presque toute leur justesse lorsque
la vitesse restante est moindre que 100ᵐ, l'in-
convénient que nous venons de citer est tout à
fait négligeable; quant au tir des bombes, on
pourra pour la plupart du temps, supposer

$$a = V \ \text{et} \ m = 2$$

Nous avons trouvé plus haut :

$$v = \frac{dx}{dt} = \frac{1}{mb} \left[a + (mbV_0 - a)e^{-mnbx} \right]$$

qui donne :

$$dt = \frac{mb\,dx}{a + (mbV_0 - a)e^{-mnbx}} = \frac{mbdx\,e^{mnbx}}{mbV_0 + a(e^{mnbx} - 1)}$$

Intégrant il vient :

$$t = \frac{1}{an} \cdot \log. \left[mb\mathrm{V_0} + a(e^{mnbx} - 1) \right] + c'$$

à l'origine

$$t = o, \ x = o, \ \text{et} \ c' = \frac{1}{an} \log. \ mb\mathrm{V_0}$$

Introduisant cette valeur dans celle de t, on a :

$$t = \frac{1}{an} \ \log. \left[1 + a \frac{(e^{mnbx} - 1)}{mb\mathrm{V_0}} \right]$$

et à cause de :

$$v = \frac{1}{mb} \left[a + (mb\mathrm{V_0} - a)e^{-mnbx} \right]$$

on trouve :

$$t = \frac{1}{an} \log. \left(\frac{v}{\mathrm{V_0}} e^{mnbx} \right) = \frac{1}{an} \left[\log. \frac{v}{\mathrm{V_0}} + mnbx \right]$$

Si nous appliquons ces formules au tir du canon de 12 de réserve, en supposant $V = 485^m$, on trouvera :

$$\text{pour } x = 1000^m, v = 207.7, t = 3''31$$

$$\text{pour } x = 2000^m, v = 122.2, t = 9''61.$$

La valeur de dt étant élevée au carré, donne :

$$dt^2 = \frac{(m^2 b^2 dx \; e^{2mnbx})}{[mbV_0 + a(e^{mnbx_1})]^2}$$

mais à cause de :

$$g dt^2 = - dx \; dz,$$

on aura :

$$dz = - \frac{g m^2 b^2 dx \; e^{2nmbx}}{[mbV_0 + a(e^{mnbx_1})]^2} = - \frac{g}{V_0^2} \frac{e^{2mnbx} dx}{\left[1 + \frac{a(e^{mnbx_1})}{mbV_0}\right]^2}$$

soit pour intégrer :

$$1 + \frac{a(e^{mnbx} - 1)}{mbV_0} = x'$$

on aura :

$$e^{mnbx} = \frac{(x' - 1)mb\,V_0 + a}{a}$$

Elevant au carré, il viendra :

$$e^{2mnbx} = \frac{[(x' - 1)mbV_0 + a]^2}{a^2}$$

différentiant on obtiendra :

$$2e^{2mnbx}\,mnbdx = \frac{2mbV_0dx'}{a^2}\left[(x' - 1)\,mbV_0 + a\right]$$

d'où l'on tire :

$$e^{2mnbx}dx = \frac{V_0}{na^2}\Big[(x'-1)mbV_0 + a\Big]dx'$$

et :

$$\frac{e^{2mnbx}dx}{\left(1 + a\,\dfrac{(e^{mnbx}-1)}{mbV_.}\right)^2} = \frac{V_0}{na^2}\left[mb\,V_0\frac{dx'}{x'} - (mb\,V_0 - a)\frac{dx'}{x'^2}\right]$$

intégrant il vient :

$$\int \ldots = \frac{mb\,V_0^2}{na^2}\log . \, x' + \frac{V_0}{na^2}(mb\,V_0 - a)\frac{1}{x'}$$

et partant :

$$\int \frac{g}{V_0^2}\frac{e^{2mnbx}\,dx}{\left(1 + \dfrac{a\,(e^{mnbx}-1)}{mb\,V_0}\right)^2} =$$

$$\frac{g\,mb}{na^2}\log . \left(1 + \frac{a(e^{mnbx}-1)}{mb\,V_0}\right) + \frac{g}{na^2V_0}\left(\frac{(mb\,V_0 - a)}{1 + a(e^{mnbx}-1)}\right)$$

et finalement :

$$z = c'' - \frac{gmb}{na^2}\log.\left(1 + \frac{a(e^{mnbx}1)}{mb\,V_0}\right) - \frac{g}{na^2V_0}\left[\frac{mb\,V_0 - a}{1 + a\dfrac{(e^{mnbx}1)}{mb\,V_0}}\right]$$

à l'origine, on a :

$$z = \text{tang.}\,\alpha, \quad x = o,$$

et

$$c'' = \text{tang.}\,\alpha + \frac{g}{na^2V_0}(mb\,V_0 - a)$$

En sorte qu'on a :

$$z = \text{tang.}\,\alpha + \frac{g}{na^2V_0}\left[\frac{a(mb\,V_0 - a)\dfrac{(e^{mnbx}1)}{mbV_0}}{1 + a\dfrac{(e^{mnbx}1)}{mbV_0}}\right]$$

$$- \frac{gmb}{na^2}\log.\left[1 + \frac{a(e^{mnbx}1)}{mbV_0}\right]\ldots$$

formule qui permettra de calculer l'inclinaison de la courbe en un point dont l'abcisse sera connue. On conçoit, qu'à défaut d'une autre relation, cette équation pourrait également permettre de construire la courbe par points, en partant de l'origine. Ainsi $i, i'\,i''\ldots$ étant les inclinaisons moyennes répondant à :

$$Ax\ldots\quad 2Ax\ldots 3Ax.,.$$

On aurait :

$$Ay' = Ax\,\mathrm{tang}.i, \quad Ay'' = Ax\,\mathrm{tang}.i', \quad Ay''' = Ax\,\mathrm{tang}.i''.$$

et cela jusqu'au sommet de la courbe pour lequel on a :

$$z = 0.$$

en appelant Y l'ordonnée du point culminant de la trajectoire, on aurait :

$$Y = Ax(\mathrm{tang}.\,i + \mathrm{tang}.i' + \mathrm{tang}.i''x\ldots)$$

On obtiendrait plus de précision en cherchant la valeur de x_0 répondant au sommet de la courbe et en faisant :

$$\Delta' x = \frac{x_0}{N}.$$

Du reste, comme les substitutions successives conduisent à la détermination de x_0 , on pourra employer le 2ᵉ moyen comme vérification du premier.

Au delà du point culminant, les tangentes deviennent négatives.

Et l'on a pour des substitutions :

$$x_0 + \Delta x, \quad x_0 + 2 \Delta x, \quad x_0 + 3 \Delta x \ldots$$

des inclinaisons moyennes :

$$i_1, i_2, i_3, \ldots y = Y - \Delta y \,(\, \mathrm{tang}\, i_1 + \mathrm{tang}\, i_2 + \mathrm{tang}\, i_3 \ldots)$$

et cela jusqu'au point où $z = -\,\mathrm{tang}\,\alpha$. Les substitutions conduisent à la valeur $x\,\alpha$, répondant à cette inclinaison, donnent un moyen de vérification analogue à celui indiqué pour la branche ascendante, en faisant

$$\Delta'' x = \frac{x_\alpha - x_0}{m}.$$

Au delà, on continuera les substitutions jusqu'au point où $y\,o =$, point, qui sera déterminé par l'intersection du dernier élément positif de la trajectoire avec l'axe des x.

En construisant une figure à une échelle suffisamment grande, effectuant les corrections auxquelles conduisent les doubles substitutions, on aura une représentation assez correcte de la trajectoire.

A cause de :

$$z = \frac{dy}{dx},$$

l'équation différentielle de la courbe deviendra :

$$dy = dx \, \text{tang} \cdot + \frac{gdx}{na^2 V_0} \left[\frac{(mb V_0 - a)\dfrac{a\left(e^{mnbx} - 1\right)}{mb V_0}}{1 + \dfrac{a\left(e^{mnbx} - 1\right)}{mb V_0}} \right]$$
$$- gmbdx \log \left[1 + \frac{a\left(e^{mnbx} - 1\right)}{mb V_0} \right],$$

Equation dont le dernier terme est inintégrable, autrement que par approximation.

Pour intégrer le 2e terme du second nombre de l'équation, on le décomposera en :

$$\frac{g}{na^2 V^0} \, \frac{(mb V_0 - a)}{1 + \dfrac{a\left(e^{mnbx} - 1\right)}{mb V_0}} \, \frac{a\left(e^{mnbx}\right)}{mb V_0} \cdot \frac{mnb}{mnb} dx,$$

dont l'intégrale est :

$$\frac{g}{bmn^2 a^2 V_0} (mb V_0 - a) \log \left(1 + \frac{a\left(e^{mnbx} - 1\right)}{mb V_0} \right.$$

et en :

$$- \frac{g}{mnba^2 V_0^2} \, \frac{(mb V_0 - a)\, adx}{1 + \dfrac{a\left(e^{mnbx} - 1\right)}{mb V_0}} \cdots$$

qui peut être mis sous la forme :

$$\frac{-g}{na^2\mathrm{V}_0}(mb\,\mathrm{V}_0-a)\frac{ae^{-mnbx}\,mnbdx}{[(mb\,\mathrm{V}_0-a)\,e^{-mnbx}+a]\,mnb}.$$

dont l'intégrale est :

$$\frac{ga}{mba^2n^2\mathrm{V}_0}\log\,[(mb\,\mathrm{V}^0-a)\,e^{-mnbx}+a]=\frac{ga}{mnb^2n^2\mathrm{V}_0}$$

$$\left[\log mb\,\mathrm{V}_0+\log\left(1+\frac{a\,(e^{mnbx}-1)}{mb\,\mathrm{V}_0}\right)\right]-mnbx\bigg),$$

Ajoutant ces deux intégrales, on a :

$$\frac{g}{n^2a^2}\log\left(1+\frac{a\,(e^{mnbx}-1)}{mb\,\mathrm{V}_0}\right)+\frac{g}{mbn^2a\mathrm{V}_0}\log mb\,\mathrm{V}_0-\frac{gx}{na\,\mathrm{V}_0}.$$

Actuellement passons au terme :

$$\frac{gmbdx}{na^2}\log\left[1+\frac{a\,(e^{mnbx}-1)}{mb\,\mathrm{V}_0}\right]\cdots$$

La première idée qui s'offre à l'esprit, c'est de développer le logarithme, on obtient alors :

$$\log\left[1+\frac{a\,(e^{mnbx}-1)}{mb\,\mathrm{V}_0}\right]=\frac{a}{mb\,\mathrm{V}_0}(e^{mnbx}-1)$$

$$-\frac{a^2}{2\,m^2\,b^2\,\mathrm{V}_0}(e^{mnbx}-1)^2+\text{etc.}$$

En s'arrêtant à la 2ᵉ puissance, on a :

$$\int\frac{gmbdx}{na^2}\log\left[1+\frac{a\,(e^{mnbx}-1)}{mb\,\mathrm{V}_0}\right]$$

$$=\frac{g}{n^2a^2}\left[\frac{a}{mb\,\mathrm{V}_0}(e^{mnbx}-mnbx)\right]$$

$$-\frac{a^2}{2\,m^2\,b^2\,\mathrm{V}_0^2}(e^{2mnbx}-2\,e^{mnbx}+mnbx).$$

Cela posé, si nous développons le terme

$$\frac{g}{n^2 a^2} \log \left[1 + \frac{a \left(e^{mnbx} - 1 \right)}{mb\,\mathrm{V}_0} \right]$$

jusqu'à la 2ᵉ puissance nous aurons :

$$\frac{g}{n^2 a^2} \left[\frac{a}{mb\,\mathrm{V}_0} \left(e^{mnbx} - 1 \right) - \frac{a^2}{2 m^2 n^2 b^2 \mathrm{V}_0^2} \left(e^{mnbx} - 1 \right)^2 \right] b^0 .$$

Introduisant ces valeurs dans l'équation de la trajectoire, et déterminant la constante par la condition que x et y seront nulles à l'origine.

On obtient, tous calculs faits :

$$y = x \tang \alpha - \frac{g}{4\, m^2 n^2 b^2 \mathrm{V}_0^2} \left(e^{2mnbx} - 2mnbx - 1 \right);$$

équation qui est exactement de même forme que celle trouvée par Besout.

Si on développe les logarithmes jusqu'à la 3ᵉ puissance, et qu'on s'arrête à la 2ᵉ puissance des exponentielles, on retombe encore sur l'équation de Besout. Si l'on pousse les calculs jusqu'à la 3ᵉ puissance, on trouve :

$$y = x \tang \alpha - \frac{g}{4\, n^2 m^2 b^2 \mathrm{V}_0^2} \left[e^{2mnbx} - 2mnbx - 1 \right] + \frac{ganb^3 x^3}{\mathrm{V}_0^3} .$$

Nous verrons plus tard, cette forme de l'équation de Besout reparaître dans les diverses hypothèses que nous allons examiner, en sorte qu'on pourrait considérer cette équation comme le type, le radical de la véritable équation dela trajectoire.

Le lecteur a pu remarquer qu'en développant les termes du logarithme de

$$1 + \frac{a\left(e^{mnbx} - 1\right)}{m} \ldots$$

on était conduit à négliger les puissances supérieures de l'exponentielle; aussi l'équation ci-dessus ne convient-elle que pour les grandes vitesses, ce qu'on reconnaît de suite, car mn remplaçant μn dans l'équation de Besout, c'est supposer tacitement $\mu = 2.5$, valeur que nous avons adoptée pour m.

La correction

$$\frac{ganb^3 x^3}{V_0^3}$$

suffit pour le tir dans les limites habituelles ; mais elle devient tout à fait insuffisante pour les grandes portées, à cause de l'accroissement considérable des puissances supérieures de l'exponentielle e^{mnbx} qu'on a négligées. Il devient nécessaire alors de prendre un plus grand nombre de termes du développement des logarithmes, ce qui donne lieu à des calculs trop compliqués pour trouver place ici.

Le terme

$$\frac{7}{20} \frac{ganb^3 x^3}{V_0^3} e^{1.3mnbx},$$

que nous avons réduit à

$$\frac{7}{20} \cdot \frac{g\,a\,n\,b^3\,x^3}{V_0^3}\,e^{1.295\,mnbx},$$

convient pour le tir horizontal, dans les limites les plus étendues, faisant $y = o$, on a :

$$\operatorname{tang} \alpha = \frac{g}{4\,n^2\,m^2\,b^2\,V_0^2\,x}\left[\,^{2mnbx}e - 2\,mnbx - 1\right]$$

$$- \frac{7}{20} \cdot \frac{g\,a\,n\,x^2}{V_0^3}\,e^{1.295\,mnbx}.$$

Si nous appliquons cette formule au canon de 12 de réserve, tirant à la charge ordinaire, en supposant

$$V = 485^m, \quad n = 0.0004703, \quad m = 2.5, \quad a = 210, \quad b = 1,$$
$$V_0 = V\ldots$$

$$\text{à } 1000^m \ \alpha = 2°18'27'', \quad \text{à } 2000^m \ \alpha = 8°11'\tfrac{1}{3}, \quad \text{à } 2800^m$$
$$\alpha = 15°13'.$$

quantités fort rapprochées de l'expérience.

Le lecteur a pu voir que notre objet était de montrer comment on pourrait ramener l'équation de la trajectoire, calculée dans le cas que nous examinons, à celui où la résistance de l'air est proportionnelle au carré de la vitesse. Dans l'état actuel du calcul, l'équation à laquelle nous avons été conduit est inintégrable ; aussi ne pousserons - nous pas plus loin nos recherches à cet égard ; comme les vitesses restantes aux grandes distances sont trop fortes, les angles de projection deviennent trop petits pour ces mêmes distances, c'est ce qui nous a conduit à substituer le coefficient 1.295 à celui 1.3. Cette modification dont l'influence est à peine sensible pour les distances ordinaires du tir, amène une coïncidence parfaite pour les distances éloignées.

§ IV.

Examinons maintenant le cas où la résistance de l'air est exprimée par la formule.

$$ R = nv\,(p^2 + m'^2\,v^2) $$

qui par une transformation s[illegible] luit à :

$$ npv^2\left(1 + \frac{[illegible]}{p^2}\right) $$

nous poserons donc

$$ R = n'v\,(1 + m^2 v^2). $$

L'équation du mouvement parallèlement à l'axe des x devient :

$$ d.\frac{dx}{dt} = -n'\,(1 + m^2 v^2)\frac{dx}{ds}\,dt\ldots $$

qui se réduit à :

$$ d.\frac{dx}{dt} = -n'\left(1 + m\frac{ds^2}{dt^2}\right)dx. $$

soit :

$$ \frac{dx}{dt} = u,\quad ds = b\,dx, $$

on aura

$$dv = bdu$$

et

$$\frac{du}{1 + m^2 b^2 u^2} = - n'dx,$$

et aussi :

$$\frac{mbdu}{1 + m^2 b^2 u^2} = - mn'bdx.$$

intégrant il vient :

$$\operatorname{arc}(\tan g = mbu) = C - mn'bx,$$

ou

$$mbu = \tan g\,(C - mn'bx),$$

et finalement :

$$u = \frac{1}{mb}\tan g\,(C - mn'bx)$$

à l'origine

$$u = V\cos \alpha = V_0$$

et

$$V_0 = \frac{1}{mb}\tan g\,C,$$

partant

$$C = \operatorname{arc}(\tan g = mb\,V_0)\ldots$$

quantité indépendante du calibre.

Avant de passer outre, voyons si les vitesses restantes calculées à l'aide de cette formule, concordent avec celles données par les tables 4 et 6. On sait que dans le tir sous de petits angles, on a :

$$\cos \alpha = 1, \quad V_0 = V, \quad b = 1,$$

et

$$V = 488^m.5,$$

soit

$$p^2 = 64, \quad m'^2 = 0.001,$$

nous aurons :

$$m \sqrt{\frac{0.004}{64}} = \frac{0.06325}{8}$$

et

$$\operatorname{tang} C = \frac{0.06325 \times 488.5}{8} = 3.862,$$

et

$$C = 75^\circ 29'.$$

supposons qu'il s'agisse du boulet de 12, soit :

$$\log n = \overline{4}.73787,$$

qu'on obtient en divisant la valeur de n, table 5, par 0.86, nous aurons

$$n' = n \times 64 \quad \text{et} \quad \log n' = \overline{2}.54405; \quad \log m = \overline{1}.89794;$$
$$mn'\,x = 0.2767.$$

Or, la circonférence dont le rayon est $1 = 6.2832$, on aura donc pour la graduation de l'arc $mn'x$

$$\frac{360° \times 0.2767}{6.2832} = 15°51'$$

en nombre rond, et

$$\text{et } u = v = \frac{1}{m}\,\text{tang}\,(C - mn'x) = 126.5\,\text{tang}\,(75°29' - mnx),$$

formule d'un usage très-commode.

Ainsi, pour

$$x = 1000^m$$

on a

$$mn'x = 15°51'$$

et

$$v = 126.5\,(\text{tang}\,59°38') = 215^m.9$$

au lieu de 212 que donnent les tables balistiques de l'Aide-mémoire.

$$\text{à } 500^m \; v = 126.5\,\text{tang}\,(67°33'\tfrac{1}{2}) = 306^m.2$$

au lieu de $309^m.2$;

$$\text{à } 2000^m \; v = 126.5\,\text{tang}\,(43°47') = 121^m$$

au lieu de $110^m.5$

On voit que pour 100^m la graduation est :

$$\frac{15^°.51}{10} = 1^°.33\ldots$$

et qu'il est extrêmement facile de calculer les vitesses restantes pour toutes les distances.

L'accord entre l'expérience et le calcul nous semblant satisfaisant, cherchons les équations du mouvement.

Renversant la valeur de $\dfrac{dx}{dt}$, l'élevant au carré et la multipliant par g, observant qu'on a $gdt^2 = -\,dxdz$, il vient :

$$dz = -\frac{gm^2b^2dx}{\tang^2(C - mn'bx)} = -\frac{gmb}{n'} \cdot \frac{mn'bdx}{\tang^2(C - mn'bx)}$$

$$= -\frac{gmb}{n'}\,mn'b\,\frac{dx\cos^2(C - mn'bx)}{\sin^2(C - mn'bx)}$$

$$= -\frac{gmb}{n'}\left(\frac{mn'bdx}{\sin^2(C - mn'bx)} - mn'bdx\right),$$

dont l'intégrale est :

$$z = C'' - \frac{gmb}{n'}\left(\frac{1}{\tang(C - mn'bx)} - mn'bx\right).$$

à l'origine :

$$x = 0, \; z = \tang \alpha$$

$$C'' = \tang \alpha + \frac{gmb}{n'}\,\frac{1}{\tang C}$$

substituant, il vient :

$$z = \tang \alpha - \frac{gmb}{n'} \left(\frac{1}{\tang(C - mn'bx)} - \frac{1}{\tang C} - mn'bx \right),$$

et à cause de :

$$z = \frac{dy}{dx},$$

$$dy = dx \tang \alpha - \frac{gmb}{n'} \left[\frac{dx}{\tang(C - mn'bx)} - \frac{dx}{\tang C} - mn'bx\,dx \right],$$

qui devient

$$dy = dx \tang \alpha - \frac{g}{n'^2} \frac{mn'\,bdx \cos(C - mn'\,bx)}{\sin(C - mn'bx)}$$

$$+ \frac{gmb}{n'} \left(\frac{dx}{\tang C} + mn'bx\,dx \right)$$

dont l'intégrale est

$$y = x \tang \alpha + \frac{g}{n^2} \log \left[\sin(C - mn'bx) \right]$$

$$+ \frac{gmb}{n'} \cdot \frac{x}{\tang c'} + \frac{mn'\,bx^2}{2} \bigg) + C'',$$

à l'origine

$$x = 0, \; y = 0, \quad C''' \quad - \log \frac{g}{n^2} \sin C,$$

et l'on a pour l'équation de la trajectoire :

$$y = x \tang \alpha - \frac{g}{n'^2} \log \left[\frac{\sin C}{\sin(C - mn'bx)} \right]$$

$$+ \frac{gmbx}{n' \tang C} + \frac{gm^2 b^2 x^2}{2}.$$

Cette équation, qui appartient à une espèce de logarithmique, présente ainsi une certaine analogie avec le cas où la résistance de l'air est proportionnelle à la vitesse chapitre 5.

La vitesse en un point quelconque de l, courbe est :

$$v = \frac{ds}{dt} = \frac{dx}{dt}\frac{1}{\cos \vartheta} = \frac{dx\sqrt{1+z^2}}{dt}$$

$$= \frac{1}{mb}\sqrt{1+z^2}\ \mathrm{tang}\ (C - mn'bx).$$

La durée du mouvement dans le tir sous de petits angles, est donnée par l'équation

$$\frac{dx}{dt} = \frac{1}{mb}\ \mathrm{tang}\ (C - mn'bx\ ,$$

d'où l'on tire :

$$dt = \frac{mbdx}{\mathrm{tang}\,(C - mn'dx)} = \frac{\frac{1}{n'}mn'bdx}{\mathrm{tang}\,(C - mn'bx)},$$

dont l'intégrale est :

$$t = C^{\mathrm{iv}} - \frac{1}{n'}\ \log\,(\sin C - mn'bx),$$

à l'origine :

$$t = 0, \quad x = 0,$$

et

$$C'' = \frac{1}{n'} \log \sin C$$

substituant, il vient :

$$t = \frac{1}{n'} \log \frac{\sin C}{\sin (C - mn' bx)}.$$

Si l'on introduit cette valeur dans l'équation de la trajectoire, on a :

$$y = x \tang \alpha + \frac{gmbx}{n' \tang C} - \frac{gt}{n'} + \frac{gm^2 b^2 x^2}{2},$$

équation tout à fait algébrique. Pour $y = o$ il vient :

$$\frac{gt}{n'} = x \tang \alpha + \frac{gmbx}{n' \tang C} + \frac{gm^2 b^2 x^2}{2}. \quad ,$$

Équation qui permet de calculer la durée des portées, ou réciproquement, la portée répondant à un temps donné, ce qui peut être utile pour régler la longueur des fusées des projectiles creux.

La valeur générale de t devant être en fonction de g soit implicitement, soit explicitement, puisque le mobile emploie d'autant plus de temps à parcourir sa trajectoire ; qu'il s'élève plus haut, cette valeur doit être modifiée pour le tir sous de grands angles. Comme nous avons supposé $ds = bdx$, on a :

$$s = bx = x\sqrt{1 + z^2}.$$

Nous poserons donc en général, et comme une approximation suffisante pour la pratique :

$$t = \frac{1}{n'} \log \left[\frac{\sin C}{\sin (C - mn' x \sqrt{1 + z^2})} \right].$$

Si la valeur de b ne devenait pas infinie en même temps que z, la position de l'asymptote verticale de la trajectoire serait donnée par la supposition de

$$C - mn' bx = 0,$$

d'où l'on tire :

$$x = \frac{C}{mn' b} \cdots$$

comme la valeur b est la moyenne entre toutes les valeurs de

$$\sqrt{1 + z^2},$$

depuis l'origine jusqu'au point qu'on considère, b croît beaucoup plus lentement que z; ainsi, par exemple, pour l'angle de 87°

$$z = \tang \omega = 19.08113.$$

tandis que

$$b = 9.90478 \; (1).$$

---

(1) Comme on a $C = [\text{arc } (\tang = mb V \cos \alpha)]$. On voit que toutes choses égales d'ailleurs l'asymptote la plus éloignée répond au cas où $\cos \alpha = 1$ et $\alpha = 0$.

L'angle de projection est donné par la formule :

$$\tan \alpha = \frac{g}{n'^2 x} \log \frac{\sin C}{\sin (C - mnbx)} - \frac{gmb}{n \tan C} - \frac{gm^2 b^2 x}{2},$$

et comme les logarithmes que donne le calcul sont
2.302 fois plus grands que ceux des tables, on aura

$$\tan \alpha = \frac{g}{n'^2 x} 2.302 \log \left[\frac{\sin C}{\sin (C - mn'bx)} \right]$$

$$- \frac{gmb}{n' \tan C} - \frac{gm^2 b^2 x}{2}.$$

Si nous prenons toujours pour exemple le boulet de
12 lancé avec une vitesse de 488^m.5 par seconde,
nous aurons pour le tir à 1000^m :

$$\alpha = 2^\circ 21' 13'' \quad \text{au lieu de} \quad 2^\circ 21' 23'' \ldots$$

à 2000^m on trouve :

$$\alpha = 8^\circ 58' 40'' \quad \text{au lieu de} \quad 9^\circ 28' \ldots$$

que donnent les tables balistiques.

Toutefois, nous observerons que les valeurs de m
et de n' que nous avons données, ne peuvent pas être
considérées comme définitives, et qu'il serait peut-
être possible, en les modifiant d'après les indications
de l'expérience, d'arriver à plus de précision.

Quant à la durée du mouvement, on a

pour $x = 1000 \; t = 3''29$, pour $x = 2000^m \; t = 9''60$.

Du reste, comme l'équation de la trajectoire se prête difficilement aux calculs, lorsqu'on cherche la portée ou la vitesse initiale, nous allons passer à l'examen d'une autre hypothèse.

§ V.

Si l'on suppose que l'on ait en général

$$R = n'v^2 (a + m'v).$$

il est facile de voir que cette expression se ramène à

$$n'av^2 \left(1 + \frac{m'}{a} v \right) = n v^2 (1 + m v).$$

Cette hypothèse admise par M. le général Piobert, et qui s'adapte assez bien aux expériences de Metz, a été adoptée par M. le général Didion, dans son Traité de balistique. Nous allons chercher l'équation de la trajectoire dans ces conditions :

L'équation du mouvement parallèlement à l'axe des x est :

$$d . \frac{dx}{dt} = - n v^2 (1 + m v) \frac{dx}{ds} dt,$$

et à cause de

$$v = \frac{ds}{dt} .$$

$$d . \frac{dx}{dt} = - n v (1 + m v) dx ,$$

$$ds = bdx,$$

on a :

$$d . \frac{dx}{dt} = - nb \frac{dx}{dt} \left(1 + mb \frac{dx}{dt} \right) dx$$

et

$$\frac{d . \frac{dx}{dt}}{\frac{dx}{dt} \left(1 + mb \frac{dx}{dt} \right)} = - nbdx,$$

faisant

$$\frac{dx}{dt} = u,$$

on aura

$$\frac{du}{u \left(1 + mbu \right)} = A \frac{du}{u} + \frac{B du}{1 + mbu} = - nbdx,$$

on trouve

$$A = 1, \quad B = - mb,$$

et partant

$$\frac{du}{u} - \frac{mbdu}{1 + mbu} = - nbdx,$$

intégrant, il vient

$$\log \frac{u}{1 + mbu} = \log C - nbx,$$

à l'origine

$$u = V \cos \alpha ; \quad x = 0 \quad \text{et} \quad C = \frac{V \cos \alpha}{1 + mb V \cos \alpha}.$$

Passant aux nombres, il vient

$$\frac{C\,(1+mbu)}{u} = e^{nbx},$$

d'où l'on tire :

$$u = \frac{dx}{dt} = \frac{C}{e^{nbx} - mb\,C},$$

formule qui donnera la vitesse restante pour le tir sous de petits angles.

L'équation précédente se ramène à :

$$dt = \frac{\left(e^{nbx} - mb\,C'\right)}{C}\,dx$$

intégrant, il vient :

$$t = \frac{1}{nb\,C}\,e^{nbx} - mbx + C'.$$

à l'origine :

$$t = 0; \quad x = 0 \quad \text{et} \quad C' = -\frac{1}{nb\,C},$$

substituant cette valeur dans l'équation précédente, on a :

$$t = \frac{1}{nb\,C}\,(e^{nbx} - 1) - mbx,$$

formule qui donne la durée du mouvement pour le tir sous de petits angles.

L'équation

$$dt = \frac{\left(e^{nbx} - mb\,C\right)}{C}\,dx$$

étant élevée au carré et multipliée par g donne

$$g\,dt^2 = g\left(\frac{e^{nbx}}{C} - mb\right)^2 dx^2\;;$$

mais nous avons vu qu'on avait, quelle que fût la loi de résistance de l'air,

$$g\,dt^2 = -\,dx\,dz\,,$$

il viendra donc :

$$dz = -g\left(\frac{e^{nbx}}{C} - mb\right)^2 dx = -\left(\frac{ge^{2nbx}}{C^2} - \frac{2mge^{nbx}}{C} + gm^2 b^2\right)dx.$$

Intégrant, on obtiendra :

$$z = C'' - \frac{ge^{2nbx}}{2nb\,C^2} + \frac{2mge^{nbx}}{nbC} - gm^2 b^2 x,$$

à l'origine :

$$x = 0, \quad z = \tang \alpha,$$

et l'on a :

$$C'' = \tang \alpha + \frac{g}{2nbC^2} - \frac{2g}{nbC}.$$

Substituant cette valeur dans l'équation précédente, il viendra :

$$z = \tang \alpha - \frac{g\,(e^{2nbx} - 1)}{2nbC^2} + \frac{2mg\,(e^{nbx} - 1)}{nbC} - gm^2 b^2 x$$

Formule qui donnera l'inclinaison en un point quelconque de la trajectoire dont l'abscisse sera connue ; mais on a :

$$\frac{dy}{dx} = z.$$

Substituant dans la formule ci-dessus et intégrant, on aura :

$$y = x \tang z - \frac{g\left(e^{2nbx} - 2nbx\right)}{4\,n^2\,b^2\,C^2}$$

$$+ \frac{2mg\left(e^{nbx} - nbx\right)}{n^2\,b^2\,C} - \frac{gm^2\,b^2\,C^2}{2} + C''',$$

à l'origine :

$$x = 0; \quad y = 0 \quad \text{et} \quad C''' = \frac{g}{4\,n^2\,b^2\,C^2} - \frac{2\,g}{n^2\,b^2\,C}.$$

Substituant dans l'équation de la trajectoire, on a :

$$y = x \tang \alpha - \frac{g}{4\,n^2\,b^2\,C^2}\left(e^{2nbx} - 2nbx - 1\right)$$

$$+ \frac{2\,gm}{n^2\,b^2\,C}\left(e^{nbx} - nbx - 1\right) - \frac{gm^2\,b^2\,x^2}{2}.$$

Pour le tir sous de petits angles,

$$b = 1, \quad \cos z = 1, \quad C = \frac{V}{1 + mV},$$

il viendra :

$$y = x \tang \alpha - \left(\frac{1 + mV}{V}\right)^2 \frac{g}{4\,n^2}\left(e^{2nx} - 2nx - 1\right)$$

$$+ 2\left(\frac{1 + mV}{V}\right)\frac{ng}{n^2}\left(e^{nx} - nx - 1\right) - \frac{gm^2}{2}\,x.$$

La vitesse en un point quelconque de la courbe étant

$$v = \frac{ds}{dt},$$

on a :

$$ds = dx \sqrt{1 + z^2},$$

et par conséquent :

$$v = u\sqrt{1 + z^2} = \frac{C\sqrt{1 + z^2}}{e^{nbx} - mbC},$$

Pour la durée du mouvement, on observera que, puisque

$$ds = dx \sqrt{1 + z^2},$$

on a

$$b = \sqrt{1 + z^2} \ldots$$

Substituant dans la valeur de t, on a

$$t = \frac{(e^{nbx} - 1)}{n\,C\sqrt{1 + z^2}} - mx\sqrt{1 + z^2}.$$

Ceux de nos lecteurs qui voudront approfondir cette hypothèse, devront lire l'excellent traité de balistique de M. le général Didion, où ce sujet est traité *ex professo* ; nous n'avons voulu, dans ce court exposé, que ramener les formules principales aux notations que nous avons adoptées.

L'examen de l'équation de la trajectoire nous fait

reconnaître une certaine analogie, entre les termes de
cette équation et celle de Besout, exposée dans le
chapitre IV. En effet, les termes

$$\frac{g}{4\,n^2\,b^2\,C^2}\left(e^{2nbx}-2\,nbx-1\right)$$

et

$$\frac{g}{4\,n^2\,b^2\,V'^2\cos\alpha}\left(e^{2nbx}-2\,nbx-1\right)$$

sont exactement de même forme ; mais le 1er est plus
grand que le 2e. Quant aux deux autres termes, ils
différencient les deux équations ; mais le 2e terme de
l'équation de M. Didion présente une composition
analogue au 1er, et comme le terme

$$\frac{2\,gn}{n^2\,b^2\,C}\left(e^{nbx}-nbx-1\right)$$

est plus grand que

$$\frac{gm^3\,b^2\,x^2}{2}\quad(1).$$

on voit que les ordonnées négatives que donnera l'é-
quation, pour déterminer les hausses, seront plus
grandes que celles données par l'équation de Besout.

----

(1) En effet $\dfrac{g}{n^2\,b^2\,C}\left(e^{nbx}-nbx-1\right) > \dfrac{2\,g}{n^2\,b^2\,C}\left(\dfrac{n^2\,b^2\,x^2}{2}\right)$ ou $\dfrac{gx^2}{C}$ ou $\dfrac{g\,(1+mV)}{V}\,x^2 > gmx^2 > \dfrac{gm^2\,x^2}{2}.$

D'après les expériences de Metz, on aurait :

$$n = \frac{0.2192\,\delta\pi r^3}{P}, \qquad \delta = 1^k.208,$$

nombres différents de ceux que nous avons adoptés dans les calculs précédents. Dans ces conditions. M. Didion pose $m = 0.0023$.

Quelques soins que M. le général Didion ait apportés dans la détermination des quantités m et n, ces coëfficients ne sauraient être considérés, comme étant arrêtés d'une manière définitive.

Si l'on extrait des formules précédentes celles nécessaires pour le tir sous de petits angles, on a :

$$v = \frac{V}{(1+mV)\,e^{nx} - mV}, \qquad t = \frac{1+mV}{n}\left(e^{nx} - 1\right) - mx$$

$$\tan v = \frac{g}{4n^2x}\left(\frac{1+mV}{V}\right)^2\left(e^{2nx} - 2nx - 1\right)$$

$$- \frac{2ng}{n^2x}\left(\frac{1+mV}{V}\right)\left(e^{nx} - nx - 1\right) + \frac{gm^2x}{2}.$$

Pour faire une application, cherchons la vitesse restante du boulet de 12 lancé avec une vitesse de $488^m.5$, à 1000^m, on trouve :

$$v = 211^m.8,$$

à 2000^m :

$$v = 110^m.5,$$

ce qui est tout à fait conforme à ce que donnent les tables.

Si l'on cherche les angles de projection correspon-
dantes, on trouve à 1000^m :

$$\alpha = 2°21'23'',$$

à 2000^m

$$\alpha = 9°28'.$$

Toutefois, les coëfficients adoptés par M. Didion
sont susceptibles d'être modifiés d'après l'expérience.
On conçoit que ce n'est que d'après des tâtonnements
successifs, qu'on peut arriver à la véritable valeur de
ces coëfficients.

Ainsi, pour donner un exemple de la flexibilité
que les coëfficients m et n donnent aux formules de
M. Didion, prenons $\frac{9}{10}n$ au lieu de n, faisons $m =$
0,0028, nous aurons pour les vitesses restantes de
l'exemple précédent, à 1000^m :

$$v = 214^m.6,$$

à 2000^m,

$$v = 115^m.$$

Nous remarquerons ici que l'altération subie par
les vitesses restantes est peu considérable. Pour les
angles de tir, on trouvera à 1000^m :

$$\alpha = 2°17'30'',$$

à 2000 :

$$\alpha = 8°40'30''.$$

On voit par ces calculs que, par un choix de valeurs convenables de m et de n, on pourra peut-être relever la branche descendante de la courbe, et la faire coïncider avec la trajectoire moyenne, déduite d'expériences bien faites.

Nous ne pousserons pas plus loin ces détails; nous avons, dans d'autres circonstances, payé à l'ouvrage de M. Didion, le juste tribut d'éloges qu'il mérite. Nous espérons que les expériences qui se font de tous côtés, permettront à l'auteur de déterminer finalement les valeurs de m et de n, qui doivent porter sa théorie à son dernier degré de perfection.

—————

§ VI.

Nous allons nous occuper d'une ancienne hypothèse, qui conduit à des formules plus simples que les précédentes, et qui se rapprochent beaucoup de celles de Besout. Je pense que cette loi, posée par Euler, est peut-être la meilleure que l'on puisse adopter; elle a, suivant moi, le double mérite de convenir aux grandes et aux petites vitesses.

L'effet d'un mobile dans un milieu quelconque étant proportionné à la force vive, il me semble qu'il ne répugne point à l'esprit, d'admettre que, dans un fluide élastique comme l'air, la réaction du milieu est proportionnelle à la force vive, c'est-à-dire au **carré** de la vitesse et de poser :

$$\mu = 1 + m v^2$$

ou

$$R = n v^2 (1 + m v^2).$$

où la variation de la vitesse est représentée par un arc de parabole dont l'équation serait :

$$y = 1 + m v^2.$$

Euler, dans ses commentaires sur l'ouvrage de Robins, traduction de Lombard, tâche de faire concorder les lois de la résistance de l'air avec les résultats admis par Robins ; à savoir, que quand un boulet est animé d'une vitesse de 1700 pieds anglais, 518^m, la résistance qu'il éprouve est déjà trois fois plus grande que celle qu'on trouve, en supposant la résistance de l'air proportionnelle au carré de la vitesse ; résultat exagéré, puisqu'on voit par les expériences de Hutton, que, dans ce cas, la résistance de l'air ne devient qu'un peu plus que double, de la résistance théorique.

Pour arriver au but qu'il se propose, l'illustre mathématicien établit que la résistance de l'air doit être proportionnelle à :

$$\tfrac{1}{2} v + p v^n,$$

après divers tâtonnements il trouve :

$$n = 2, p = \frac{1}{2h};$$

en sorte que la quantité que nous avons appelée μ et qu'il désigne par θ est

$$1 + \frac{v}{2h}.$$

et « cette augmentation de résistance provenant, dit-il,
» en partie de la condensation de l'air qui précède le
» mobile, et en partie de la raréfaction de l'air qui
» suit, il s'ensuit que cette augmentation ne peut
» avoir d'autre cause que l'élasticité de l'air. »

Toutefois, soupçonnant de l'exagération dans les résultats annoncés par Robins, il fait $h = 28845$ pieds anglais, 12137 mèt., de telle sorte que la résistance ne devienne triple, que pour la vitesse de 1926 pieds anglais, 587 mèt., ce qui est encore bien au delà de ce qui a lieu réellement.

Dans les calculs d'Euler, la vitesse du mobile est exprimée par $\sqrt{v}$, en sorte que d'après nos notations, la résistance de l'air est proportionnelle à :

$$\frac{v^2}{2}\left(1 + \frac{v^2}{h}\right),$$

ce qui revient à :

$$R = nv^2(1 + mv^2)$$

Euler tâche ensuite de trouver les équations du

mouvement dans cette hypothèse ; mais les résultats auxquels il est conduit sont tellement compliqués , qu'ils deviennent presque inapplicables ; aussi, dans ses travaux ultérieurs, abandonne-t-il cette hypothèse ; pour revenir à celle où l'on suppose la résistance proportionnelle au carré de la vitesse, en exagérant la valeur du coëfficient n de cette résistance ; voie dans laquelle il a été suivi par Lombard, d'Obeinheim, et beaucoup d'autres auteurs.

Les valeurs des coëfficients n et m dans l'expression

$$R = nv^2(1 + mv^2)$$

ne peuvent être déterminées que par les tâtonnements de l'expérience. Si nous supposons, avec Hutton, que la résistance sur la sphère ne soit que les 0.417 environ les $\frac{5}{12}$ de celle qui aurait lieu sur un de ses grands cercles, il nous faudra multiplier le coëfficient $1 \lceil 2$ admis par Besout, par 0.834, et l'on aura :

$$n = 0.834 \times \frac{0.25 \, \delta\pi \, v^2}{P} = \frac{0,2085 \, \delta\pi \, v^2}{P}.$$

Nous poserons provisoirement

$$m = 0.000005.$$

D'après les expériences de Metz, on a

$$n = \frac{0.2092 \, \delta\pi \, v^2}{P}.$$

Si nous cherchons à comparer les valeurs du coëfficient $K\mu$, relatives à ces expériences, et celles relatives à notre nouvelle hypothèse, il n'y aura qu'à comparer entre eux les facteurs

$$0.2192\,(1 + 0.0023\,v)$$

et

$$0.2085\,(1 + 0.000005\,v^2),$$

qui sont les valeurs respectives de $K\mu$.

Pour :

$$v = 200 \quad K\mu = 0.32 \qquad (\text{Didion});$$
$$K\mu = 0.2502 \quad (\text{Nouvelle formule}).$$

C'est la valeur adoptée par Besout.

Pour

$$v = 500 \quad K\mu = 0.4714 \quad (\text{Didion}):$$
$$K\mu = 0.4691 \quad (\text{Nouvelle formule}).$$

valeurs très peu différentes.

Toutefois, on conçoit que ces valeurs étant modifiées diversement par l'intégration, donneront des valeurs un peu différentes de celles que nous venons de trouver. Cependant, cette comparaison nous a paru nécessaire pour justifier les valeurs que nous avons adoptées pour m et pour n.

Nous allons chercher maintenant les équations du mouvement dans l'hypothèse de :

$$R = n v^2 (1 + m v^2).$$

On a d'abord :

$$d.\frac{dv}{dt} = - nv^2 (1 + mv^2) \frac{dx}{dt} dt,$$

qui, à cause de :

$$v = \frac{ds}{dt}$$

se réduit à

$$d.\frac{dx}{dt} = - nv^2 (1 + mv^2) \, dx.$$

Soit toujours dt constant :

$$ds = bdx, \qquad \frac{dx}{dt} = u,$$

on aura :

$$\frac{du}{u(1 + b^2 mu^2)} = \frac{A\,du}{u} + \frac{Budu + Ddu}{1 + mb^2 u^2} = - nbdx.$$

d'où l'on tire :

$$A = 1, \qquad B = - mb^2, \qquad D = 0.$$

Intégrant il vient :

$$\int \frac{du}{u(1 + b^2 mu^2)} = \log u - \log \sqrt{1 + mb^2 u^2}$$

$$= \log \left(\frac{u}{\sqrt{1 + mb^2 u^2}} \right)$$

et

$$\log \left(\frac{u}{\sqrt{1 + mb^2 u^2}} \right) = \log C - nbx.$$

À l'origine on a :

$$x = 0, \qquad u = \frac{dx}{dt} = V \cos \alpha \quad \text{et} \quad C = \frac{V \cos \alpha}{\sqrt{1 + mb^2 V^2 \cos^2 \alpha}} ;$$

il viendra donc :

$$nbx = \log\left(\frac{C\sqrt{1 + mb^2 u^2}}{u} \right).$$

Passant aux nombres, on obtient :

$$e^{xbn} = C\frac{\sqrt{1 + mb^2 u^2}}{u}.$$

Élevant au carré, on a :

$$u^2 e^{2nbx} = C^2 (1 + mb^2 u^2),$$

d'où l'on tire :

$$(2) \qquad u = \frac{C}{\sqrt{e^{2nbx} - mb^2 C^2}} = \frac{dx}{dt},$$

formule qui, comme on sait, exprime la vitesse parallèlement à l'axe des x, et qui, pour le tir sous de petits angles, donne la vitesse en un point quelconque de la trajectoire en y faisant :

$$\cos z = 1, \quad b = 1.$$

Cela posé, l'équation (2) donne :

$$\frac{dx^2}{dt^2} (e^{2nbx} - mb^2 C^2) = C^2$$

ou

$$\frac{dx^2}{C^2} (e^{2nbx} - mb^2 C^2) = dt^2.$$

Multipliant par g on a

$$g\frac{dx^2}{C^2} (e^{2nbx} - mb^2 C^2) = g\,dt^2.$$

mais nous avons vu qu'on avait toujours, quelle que

fût l'hypothèse adoptée

$$g\,dt^2 = -\,dx\,dz.$$

substituant dans la formule ci-dessus, on a :

$$dz = -\frac{g\,dx}{C^2}\left(e^{2nbx} - mb^2\,C^2\right)$$

intégrant il vient :

$$(3) \qquad z = C' - \frac{g}{2nb\,C^2}e^{2nbx} + gmb^2x.$$

A l'origine on a :

$$z = \tang\,\alpha, \quad x = 0,$$

et partant

$$C' = \tang\,\alpha + \frac{g}{2nb\,C^2}$$

substituant dans l'équation (3) on obtient :

$$(4) \qquad z = \tang\,\alpha - \frac{g}{2nb\,C^2}\left(e^{2nbx} - 1\right) + gmb^2x,$$

formule qui permettra de calculer l'inclinaison en un point dont l'abscisse sera donnée.

Au sommet de la courbe $z = o$ et l'abscisse du point culminant de la trajectoire est donné par l'équation

$$(5) \qquad \tang\,\alpha - \frac{g}{2nb\,C^2}\left(e^{2nbx} - 1\right) + gmb_2^2x = 0.$$

A cause de

$$z = \frac{dy}{dx},$$

on a :

$$dy = dx \, \tang \, \alpha - \frac{gdx}{2nbC^2}(e^{2nbx} - 1) + gmb^2 xdx.$$

intégrant il vient :

$$y = x \, \tang \, \alpha - \frac{g}{4n^2b^2C^2}(e^{2nbx} - 2nbx) + \frac{gmb^2 x^2}{2} + C'''.$$

à l'origine

$$x = 0, \quad y = 0, \quad C''' = \frac{g}{4n^2b^2C^2}$$

et partant on a :

$$(6) \quad y = x \, \tang \, \alpha - \frac{g}{4n^2b^2C^2}(e^{2nbx} - 2nbx - 1) + \frac{gmb^2 x^2}{2}.$$

Equation qui présente la plus grande analogie avec celle donnée par Besout, et reproduite sous une autre forme par les différents auteurs. Si à la place de C^2 on met sa valeur ;

$$\frac{V^2 \cos^2 \alpha}{1 + mb^2 V^2 \cos^2 \alpha}$$

on aura :

$$(7) \quad \begin{cases} y = x \, \tang \, \alpha - \dfrac{g(1 + mb^2 V^2 \cos^2 \alpha)}{4n^2b^2V^2\cos^2\alpha}(e^{2nbx} - 2nbx - 1) \\ \quad + \dfrac{gmb^2 x^2}{2}, \end{cases}$$

Equation dont les deux premiers termes du second membre tendent à se confondre avec ceux de Besout pour les petites vitesses; dans ce cas il n'y a que le terme

$$\frac{g m b^2 x^2}{2}$$

qui différencie les deux équations (1).

Si l'on compare l'équation (7) à celle de **M. Didion**, on remarque, dans les deux seconds membres, le terme

$$\frac{g m^2 b^2 x^2}{2},$$

exactement de même forme dans les deux **formules**. mais dans celle de M. Didion le terme

$$\frac{2g}{n^2 b^2 C} \left(e^{nbx} - nbx - 1 \right)$$

établit une énorme différence entre les deux courbes. Toutefois l'équation (7) appartient à une courbe, beau·coup moins infléchie, que toutes celles que je connais.

Pour avoir la vitesse en un point quelconque de la trajectoire on posera :

$$ds = \sqrt{dx^2 + dy^2} = dx \sqrt{1 + \frac{dy^2}{dx^2}} = dx \sqrt{1 + z^2},$$

---

(1) Si l'on suppose $m = o$ on retombe exactement sur l'équation de Besout.

Comme nous l'avons dit, cette constance de la fonction $e^{2nbx} - 2nbx - 1$ nous fait penser que cette expression est le radical de la véritable équation de la trajectoire, en supposant qu'on arrive un jour à obtenir l'équation exacte de cette courbe.

et partant on aura :

$$(8) \qquad v = \frac{ds}{dt} = \frac{dx}{dt} \sqrt{1+z^2} = \frac{C\sqrt{1+z^2}}{\sqrt{e^{2nbx} - mb^2 C^2}}$$

Au sommet de la courbe on a :

$$z = o \quad \text{et} \quad U_o = \frac{C}{\sqrt{e^{2nbx} - mb^2 C^2}}.$$

A l'origine on a :

$$\sqrt{1 + \tang^2 \alpha} = \frac{1}{\cos \alpha},$$

et en effectuant les substitutions on trouve $v = V$ ce qui doit être.

Lorsque l'angle de chute est donné il est facile d'obtenir la valeur de

$$\frac{g}{2nbC^2} \left(e^{2nbx} - 1 \right)$$

en fonction de z, et l'on a :

$$\frac{g}{2nbC^2} \left(e^{2nbx} - 1 \right) = \tang \alpha + \frac{gmb^2 x}{x} - z.$$

Substituant dans l'équation de la trajectoire on trouvera :

$$(9) \qquad \left\{ \begin{aligned} y &= x \tang \alpha - \frac{1}{2nb} \left(\tang \alpha + gmb^2 x - z \right) \\ &\quad + \frac{gx}{2nbC^2} + \frac{gmb^2 x^2}{2} \ldots \end{aligned} \right.$$

Équation du 2ᵉ degré qui servira à résoudre les problèmes relatifs au tir à ricochet.

Si l'on met à la place de C^2 sa valeur, on aura :

$$(10)\quad \begin{cases} y = \dfrac{gm^2 b^2 x^2}{2} + x\left[\tang \alpha + \dfrac{g}{2nb}\dfrac{1 + \tang^2 \alpha + mV^2}{V^2}\right) - gmb^2\Big] \\[2ex] \qquad - \dfrac{1}{2nb}(\tang \alpha - z). \end{cases}$$

Les cas d'impossibilité seront indiqués par l'imaginarité des racines.

Si dans l'équation précédente on fait $y = o$ on aura :

$$z = \tang \omega$$

et

$$(11)\quad \begin{cases} \dfrac{gm^2 b^2 x^2}{2} + x\left[\tang \alpha + \dfrac{g}{2nb}\left(\dfrac{1 + \tang^2 \alpha + mV^2}{V^2}\right] - gmb^2\right) \\[2ex] \qquad - \dfrac{1}{2nb}(\tang \alpha - \tang \omega) = 0, \end{cases}$$

qui se rapporte au tir sur un terrain de niveau.

Quant à la durée du mouvement, sa détermination présente quelques difficultés, la formule qui la donne étant inintégrable.

En effet on a :

$$\frac{ds}{dt} = \frac{bdx}{dt} = \frac{C\sqrt{1 + z^2}}{\sqrt{e^{2nbx} - mb^2 C^2}},$$

et par conséquent

$$dt = \frac{bdx\sqrt{e^{2nbx} - mbC^2}}{C\sqrt{1 + z^2}}$$

$$= \frac{bdx}{C}\sqrt{\frac{e^{2nbx} - mb^2 C^2}{1 + \left[\tang \alpha + gmb^2 x - \dfrac{g}{2nbC^2}(e^{2nbx} - 1)\right]^2}}$$

Pour le tir sous de petits angles z^2 étant négligeable vis-à-vis de l'unité on a : $b = 1$ et

$$(11\ bis) \qquad dt = \frac{dx}{C} \sqrt{e^{2nx} - m^2 C^2}$$

Pour intégrer cette expression soit

$$e^{nx} = x', \quad m C^2 = a^2,$$

nous aurons

$$dx = \frac{1}{n} \frac{dx'}{x'}$$

et

$$dt = \frac{1}{Cn} \frac{dx}{x'} \sqrt{x'^2 - a^2} = \frac{1}{Cn} \frac{dx'}{x'} \sqrt{(x' + a)(x' - a)}.$$

Cela posé, faisons

$$\sqrt{x'^2 - a^2} = x'' (x' - a).$$

élevant au carré il vient :

$$x' + a = x''^2 (x' - a)$$

et

$$x' = \frac{a(x''^2 + 1)}{x''^2 - 1}; \quad dx' = - \frac{4 ax''dx''}{(x''^2 - 1)^2},$$

et partant :

$$\frac{1}{Cn} \frac{dx'}{x'} \sqrt{x'^2 - a^2} = - \frac{8 ax''^2 dx''}{Cn(x''^2 - 2)(x''^2 + 1)} = dt.$$

Actuellement soit :

$$\frac{- 8 ax''^2 dx''}{Cn(x''^2 - 1)(x''^2 + 1)} = \frac{(A x''^2 + B) dx''}{(x''^2 - 1)^2} + \frac{D dx''}{(x''^2 + 1)}.$$

On a, en effectuant les calculs :

$$A = B = -\frac{2a}{n}; \quad D = \frac{2a}{n},$$

et partant :

$$\frac{-8ax''^2 dx''}{n(x''^2-1)^2(x''^2+1)} = \frac{2a}{Cn}\left[\frac{dx''}{1+x''^2} - \frac{x''^2+1}{(x''^2-1)^2}\,dx''\right].$$

Pour intégrer le second nombre de l'équation nous poserons :

$$\frac{(x''^2+1)\,dx''}{(x''^2-1)^2} = \frac{A'\,dx''}{(x''-1)^2} + \frac{B'\,dx''}{(x''+1)^2},$$

qui donne

$$A' = B' = \frac{1}{2},$$

on a donc :

$$\frac{(x''^2+1)\,dx''}{(x''^2-1)^2} = \frac{1}{2}\frac{dx''}{(x''-1)^2} + \frac{1}{2}\frac{dx''}{(x''+1)^2}.$$

dont l'intégrale est :

$$-\frac{x''}{x''^2-1}.$$

En sorte qu'on a :

$$\int\frac{-8ax''^2 dx''}{n(x''^2-1)(x''^2+1)} = \frac{2a}{Cn}\left[\text{arc tang} = x'') + \frac{x''}{x''^2-1}\right] + C''.$$

Or

$$x'' = \sqrt{\frac{x'+a}{x'-a}} = \sqrt{\frac{e^{nx}+CV\overline{m}}{e^{nx}-CV\overline{m}}}$$

et

$$(11\ ter)\begin{cases} t = \dfrac{2a}{Cn}\left[\operatorname{arc\ tang}\left(\sqrt{\dfrac{e^{nx} + C\,V\,\overline{m}}{e^{nx} - C\,V\,\overline{m}}}\right)\right] \\[2ex] \quad + \dfrac{1}{Cn}\sqrt{e^{2nx} - m^2 C^2} + C^{iv}, \end{cases}$$

à l'origine

$$t = o, \quad x = o,$$

et

$$(11\ quater)\begin{cases} C^{iv} = -\dfrac{1}{Cn}\sqrt{1 - m^2 C^2} \\[2ex] \quad -\dfrac{2a}{Cn}\operatorname{arc}\left(\operatorname{tang} = \sqrt{\dfrac{1 + C\,V\,\overline{m}}{1 - C\,V\,\overline{m}}}\right). \end{cases}$$

Si la résistance était proportionnelle au carré de la vitesse, on aurait

$$m = o \quad \text{et} \quad C = V\cos\alpha = V,$$

et partant

$$t = \frac{1}{n\,V\cos\alpha}\left(e^{nx} - 1\right),$$

qui est la formule que nous avons trouvée.

On peut arriver bien plus rapidement à la valeur de t à l'aide de l'approximation suivante :

Nous remarquerons, à cet effet, que

$$m^2 C^2$$

étant assez petit, on a sensiblement :

$$\sqrt{e^{2nx} - m^2 C^2} = e^{nx}\left(1 - \frac{m^2 C^2}{e^{2nx}}\right)^{\frac{1}{2}} = e^{nx}\left(1 - \frac{1}{2}m^2 C^2 e^{-nx}\right),$$

on aura donc :

$$dt = \frac{1}{C}\left(e^{nx}\, dx - \frac{1}{2}\, m^2\, C^2\, e^{-nx}\, dx \right).$$

intégrant il vient

$$t = \frac{1}{n\,C}\left(e^{nx} + \frac{1}{2}\, m^2 C^2\, e^{-nx} \right) + C''.$$

à l'origine

$$x = 0, \quad t = 0\ C'' - \frac{1}{n\,C}\left(1 + \frac{1}{2}\, m^2 C^2 \right),$$

et conséquemment :

$$t = \frac{1}{n\,C}(e^{nx} - 1) + \frac{1}{2}\frac{m\,C}{n}(e^{-nx} - 1).$$

Pour

$$m = 0 \cos z = 1, \quad b = 1$$

on a :

$$(12) \qquad\qquad t = \frac{1}{n\,V}(e^{nx} - 1),$$

comme tout à l'heure.

On conçoit facilement que les formules précédentes ne renfermant pas g ne conviennent pas pour le tir sous des angles de projection assez grands.

L'équation

$$\frac{ds}{dt} = \frac{b\,dx}{dt} = \frac{C\sqrt{1 + z^2}}{\sqrt{e^{2nbx} - m\,b^2\,C^2}}$$

donne :

$$dt = \frac{b\,dx}{C}\sqrt{\dfrac{e^{2nbx} - mb^2 C^2}{1 + \left[\operatorname{tang} z + gmb^2 x - \dfrac{g}{2nbC^2}\left(e^{\frac{2nbx}{2}} - 1\right)\right]^2}},$$

Expression qu'il n'est possible d'intégrer que par approximation.

Lorsque nx est assez petit on peut développer les exponentielles dans l'équation (12) et si l'on s'arrête à la 2e puissance on obtient

$$t = \frac{1}{C}\left(x + \frac{nx^3}{2}\right) - \frac{1}{2}mC(x - nx^2).$$

équation algébrique très-commode pour la pratique et qui pourra souvent se réduire à

$$(13) \qquad t = \frac{1}{C}\left(x + \frac{nx^2}{2}\right).$$

Quel que soit l'angle de tir nous poserons :

$$(14) \qquad t = \frac{nC}{1}\sqrt{1+z^2}\left(e^{nbx} + \frac{1}{2}mbC^2 e^{-nbx}\right),$$

et quand x est assez petit

$$(15) \qquad t = \frac{1}{C}\left(x + \frac{nx^2}{2}\sqrt{1+z^2}\right).$$

Lorsque le mouvement a lieu dans le vide

$$n = o, \quad m = o, \quad C = V \cos \alpha,$$

et l'on a

$$t = \frac{x}{V \cos \alpha},$$

ce qui est la valeur du temps dans le mouvement parabolique.

La quantité b est le rapport de l'arc à sa projection, puisqu'on a

$$ds = dx \sqrt{1 + z^2},$$

on a donc

$$b = \sqrt{1 + z^2}.$$

Mais on conçoit que la valeur de b devrait varier avec la nature de la courbe, tandis que généralement, on emploie les valeurs calculées par Euler et par Besout, pour la loi de la résistance proportionnelle au carré de la vitesse.

Toutefois il faut le dire, il est bien rare que dans les applications, on fasse usage de la valeur de b. D'abord pour les tirs horizontaux, c'est-à-dire pour les armes les plus essentielles, pour les canons, les obusiers et les armes portatives, dans lesquels l'angle de projection est assez petit, on suppose ordinairement $b = 1$, et très-souvent dans le tir sous de grands angles on fait la même supposition.

Si nous voulons appliquer la formule

$$\tan \alpha = \frac{g}{4\,n^2 V^2 x}\,(1 + m\,V^2)\,(e^{2nx} - 2nx - 1) - \frac{gmx}{2}$$

au tir du canon de 12 de réserve nous poserons

$$V = 475^m,$$

car, il nous paraît fort douteux, qu'on obtienne une vitesse plus grande avec des bouches à feu ordinaires et les charges habituelles, celles-ci fussent-elles portées au poids de 2 kilos.

Nous supposerons

$$n = 0.834 \times 0.25\,\frac{\partial \pi\, v^2}{P},$$

formule dans laquelle

$$\partial = \frac{1000^{kil}}{850},$$

et qui se réduira à

$$0.7706\,\frac{r^2}{P},$$

soit :

$$2r = 0^m.1183, \quad P = 6^{kil}.07,$$

il viendra

$$n = 0.000.2933$$

ou plus exactement

$$\log n = \overline{4}.64755.$$

Après différents tâtonnements nous avons trouvé

$$m = 0.000005,$$

soit

$$g = 9^{\mathrm{m}}.81,$$

il viendra :

$$\operatorname{tang} \alpha = \frac{117,3}{x}\left(e^{2nx} - 2nx - 1\right) - 0.0000245255\,x,$$

formule qui donnera les angles de tir pour toutes les valeurs de x.

Nous remarquerons que les valeurs de n et de m que nous avons adoptées, ne peuvent être considérées que comme provisoires, leurs véritables valeurs devant être déterminées par l'expérience.

Nous prendrons pour premier exemple, la pièce de 12 de réserve, tirant à la charge de 2^{kil} depuis 800^{m} jusqu'à $2,600^{\mathrm{m}}$ (*Aide-mémoire de* 1856, page 626); nous réduirons les hausses, en angles d'inclinaison au moyen du tableau de la page 598 de l'Aide-mémoire déjà cité, tableau qui diffère un peu de celui de l'iAde-mémoire de 1844, et sur lequel nous nous étions basés dans nos calculs du chapitre 4. Effectuant les opérations on trouve :

à 800^{m}	$\alpha =$ 1°36′ 6″	au lieu de	1°35′
à 1000^{m}	$\alpha =$ 2°14′17″	»	2°14′13″
à 1200^{m}	$\alpha =$ 3° »	»	2°58′20″
à 1400^{m}	$\alpha =$ 3°53′57″	»	3°56′20″
à 1600^{m}	$\alpha =$ 4°57′45″	»	5° 1′40″
à 1800^{m}	$\alpha =$ 6°12′55″	»	6°18′20″
à 2000^{m}	$\alpha =$ 7°40′	»	7°44′13″
à 2200^{m}	$\alpha =$ 9°21′20′	»	9°12′30″
à 2400^{m}	$\alpha =$ 11°18′35″	»	11°31′34″
à 2600^{m}	$\alpha =$ 13°33′20″	»	13°
à 2800^{m}	$\alpha =$ 16° 6′	»	15°

La concordance est, comme on le voit, aussi parfaite que possible. Voyons maintenant quelles sont les vitesses restantes aux diverses distances.

On a pour le tir sous de petits angles

$$v = \frac{V}{\sqrt{(1 + mV^2)\, e^{2nx} - mV^2}}.$$

qui devient :

$$v = \frac{475}{\sqrt{2.128\, e^{2nx} - 1.128}}$$

pour l'exemple qui nous occupe.

Pour V=475 les vitesses restantes sont :

à	100^m	434^m.20	à 1200^m	211^m.7
à	200^m	399^m.5	à 1600^m	171^m.3
à	400^m	344^m.0	à 2000^m	140^m.4
à	800^m	265^m.4	à 2400^m	116^m.2
à	1000^m	236^m.2	à 2700^m	100^m.5

Le décroissement de la vitesse paraît être trop lent, cependant cette loi rend assez bien compte de ce qui est arrivé pour les nouvelles bouches à feu de campagne, dont le tir est beaucoup plus efficace, que ne le supposaient d'abord quelques officiers d'artillerie, d'après les idées reçues. Cette question, ainsi que nous l'avons déjà dit, se rattache à celle de la balle du fusil d'infanterie ; or, j'estime que la vitesse restante de cette balle doit être de 90 à 100^m à 600^m pour produire les effets qu'on observe, et comme la distance de 2,700^m pour le boulet de 12 répond à peu près à celle de 600^m pour la balle du fusil, la vitesse portée dans le tableau ci-joint s'éloigne peu de celle dont cette même balle doit être animée.

Nous avons dit qu'une balle de fusil animée d'une vitesse initiale de 500^m et une autre balle animée d'une vitesse de 450$_m$, avaient à 600^m, des vitesses restantes qui ne différaient que de quelques mètres; conséquemment, les variations qu'on observe entre les vitesses initiales, ne peuvent détruire ce que nous venons d'avancer.

La détermination des coefficients n et m laisse à la courbe une certaine flexibilité, qui permet de la faire coïncider avec telle ou telle théorie, basée sur une autre loi de la résistance de l'air.

Si l'on voulait par exemple rapprocher davantage les vitesses restantes de celles que donnent les tables de **M.** le général **Didion**, **il** faudrait faire

$$n = \frac{0.25\,\pi\,\delta\,v^2}{P}$$

et

$$m = 0.000004646,$$

soit

$$\delta = \frac{1000}{850},$$

on trouve

$$\log n' = \overline{4}.72662.$$

Dans ces conditions, on aurait pour

$$v = 200^m, \quad \mu = 1.1858,$$

pour

$$v = 500^m, \quad \mu = 2.161.$$

La première valeur se rapproche du coefficient adopté par Lombard qui est 1.2, la 2ᵉ de celui du général Didion qui est 2, 15.

Ces données étant introduites dans la formule :

$$v = \frac{V}{\sqrt{1 + m\,V^2)\,e^{n\,x} - m\,V^2}}$$

ont permis de dresser le tableau des vitesses restantes pour diverses distances, comparativement à celles qu'on obtiendrait à l'aide des tables balistiques de l'Aide-mémoire de 1856.

Vitesse initiale 488ᵐ.5.

DISTANCES en MÈTRES.	VITESSES RESTANTES.	
	Tables.	Nouvelle formule.
100ᵐ	442ᵐ.10	439ᵐ.2
200ᵐ	403ᵐ.4	398ᵐ.2
400ᵐ	337ᵐ.3	335ᵐ.4
800ᵐ	245ᵐ.0	249ᵐ.4
1000ᵐ	212ᵐ.0	218ᵐ.1
1200ᵐ	184ᵐ.0	192ᵐ.1
1600ᵐ	141ᵐ.5	150ᵐ.8
2000ᵐ	110ᵐ.6	119ᵐ.6
2400ᵐ	87ᵐ.4	95ᵐ.4

On voit que jusqu'à 1800_m les vitesses restantes des
deux colonnes ne diffèrent entre elles que de quantités moindres que les différences qu'on observe d'un
coup à l'autre, dans le tir au pendule balistique. Mais
à partir de 1000^m les vitesses restantes deviennent de
plus en plus grandes que celles trouvées par la méthode de M. Didion.

Si maintenant on cherche à l'aide des tables balistiques, les angles de projection et qu'on calcule ces
mêmes angles à l'aide de la formule

$$\mathrm{tang}\,\alpha = \frac{g}{4\,n'^2 V^2 x}(1 + 2nV^2)(e^{2nx} - 2n'x - 1) - \frac{g n x}{2},$$

on obtient des trajectoires à peu près identiques ;
avec cette différence, que la courbe représentée par la
nouvelle formule se rapproche beaucoup plus de l'expérience, depuis la petite distance jusqu'à 600^m.

Jusqu'à ce que l'expérience ait prononcé, nous
pensons que les vitesses restantes aux grandes distances sont plus considérables, que ne le supposent
toutes les théories qu'on pourrait appeler Hutto-
niennes.

Si nous appliquons la nouvelle formule au canon
obusier léger tirant à la charge de 1^k et imprimant à
son projectile une vitesse initiale de 394^m par seconde
soit

$$\log n = \overline{4}.64738, \quad m = 0.000005,$$

on trouve pour le tir à boulet :

	600^m.	600^m.	1000^m.	1200^m.
Angles de tir calculés.	4° 24′ 47″	2° 11′ 01″	3° 00′ 43″	3° 59′ 43″
Angles résultant des hausses.	1° 20′ 37″	2° 06′ 00″	2° 58′ 07″	3° 50′ 36″
Angle de relèvement admissible	0° 04′ 10″	0° 04′ 10″	0° 04′ 10″	0° 04′ 10″
Angles de tir corrigés.	1° 20′ 37″	2° 06′ 51″	2° 56′ 33″	3° 55′ 33″
Erreurs dans les hausses	000	$+0^{mil}.4$	$-0^{mil}.7$	$+2^{mil}.6$

Si l'on ne voulait point admettre d'angle de relève_
ment, il faudrait supposer la vitesse initiale de 400^m
et l'on aurait alors :

Angles de tir calculés.	1° 22′ 31″	2° 07′ 43″	2° 56′ 21″	2° 54′ 04″
Différence des hausses avec celles actuelles	$+1^{mil}$	-1^{mil}	-1^{mil}	$+2^{mil}$

On voit que la concordance est moins parfaite que
dans le n° précédent.

Pour le tir à obus, la charge de 1^k imprimant au
projectile une vitesse de 450^m par seconde, on a :

$$2r = 118^{mil}4, \quad P = 4^k.770, \quad n = 0.0005659,$$

ou plus exactement :

$$\log n = \overline{4}.75278.$$

Appliquant la formule précédente, on trouve :

à 600^m, $x = 1° 17′ 4″$ au lieu de   1° 15′ 52″,

qui donne une différence de $0^{mil}6$ en plus sur la hausse;

à 800^m $\alpha = 1°58'13''$ au lieu de $2°1'40''$,

qui donne une différence en moins de 1^{mil} sur la hausse ;

à 1000^m $\alpha = 2°49'17''$ au lieu de $2°54'$,

qui donne une différence en moins de $2^{mil}35$ sur la hausse ; à 1200^m il y a un accord presque parfait entre le calcul et l'expérience.

Si nous appliquons ces formules au tir du fusil d'infanterie, lançant la balle de $16^{mil}7$ pesant 27^g. avec la charge de 9^g. et lui imprimant la vitesse de 446^m par seconde, on trouve dans le tableau page 329 du n° 7 du Mémorial de l'artillerie, 1852.

$$à\ 100^m \quad y = -\,0^m.016.$$

Si on calcule d'abord la valeur de n', on trouve :

$$\log n' = \overline{3}.29868\ldots$$

et à l'aide de la formule :

$$y = x\,\text{tang}\,\alpha - \frac{g}{4\,n'^2\,V^2}\,(1 + m\,V^2)\,(e^{2n'x} - 2n'x - 1) + \frac{gm\,x^2}{2}$$

on trouve :

$$\text{tang}\,\alpha = 0.003532\ldots$$

soit

$$x = 150^m,$$
$$v = 200^m,$$

on trouve :

$$y = -0^{m}.397 \quad \text{au lieu de} \quad -0^{m}.419,$$
$$y = -1^{m}.022 \quad\quad\quad - \quad\quad\quad -1^{m}.000.$$

On voit que les ordonnées calculées ne diffèrent en plus des moyennes générales du tableau, que de $0^{m}022$, quantité négligeable, dans des expériences qui comportent aussi peu de précision.

Quant au tir aux distances de 250 à 300 et 400^{m}, le nombre de coups est trop peu considérable pour qu'on puisse considérer la trajectoire comme étant bien déterminée pour ces distances, si l'on considère surtout que l'ordonnée moyenne, déduite de ces séries pour la distance de 200^{m}, serait

$$y = -1.2925 \quad \text{au lieu d'être de} \quad -1.000.$$

---

§ VII.

Passons actuellement au cas où la résistance de l'air serait exprimée par un polynome de la forme :

$$A v + B v^{2} + C v^{3},$$

soit :

$$R = nv\,(a + bv)\,(a' + b'v),$$

qui se ramène à

$$aa'nv\left(1 + \frac{b}{a}v\right)\left(1 + \frac{b'}{a'}v\right),$$

soit

$$aa'n = n', \quad \frac{b}{a} = m, \quad \frac{b'}{a'} = m.$$

L'équation du mouvement parallèlement à l'axe des x est :

$$d \cdot \frac{dx}{dt} = nv\,(1+mv)\,(1+m'v)\frac{dx}{dt}\,dt.$$

qui se réduit à :

$$d \cdot \frac{dx}{dt} = -\,n\,(1+mv)\,(1+m'v)\,dx.$$

soit :

$$ds = bdx, \quad \frac{dx}{dt} = u,$$

on obtiendra :

$$\frac{du}{(1+mbu)\,(1+m'bu)} = -\,ndu.$$

soit

$$\frac{du}{(1+mbu)\,(1+m'bu)} = \frac{A\,du}{1+mbu} + \frac{B\,du}{1+m'bu},$$

on a :

$$A' + A'm'\,bu + B' + B'mbu = 1.$$

d'où l'on tire :

$$A' = \frac{-\,m}{m'-m}, \quad B' = \frac{m'}{m'-m}.$$

intégrant il viendra :

$$\frac{1}{(m'-m)\,b}\log\left(\frac{1+m'bu}{1+mbu}\right) = \log C - na.$$

à l'origine

$$u = V\cos\alpha = V_0$$

et

$$C = \frac{1}{(m'-m)\,b}\log\left(\frac{1+m'bV_0}{1+mbV_0}\right).$$

soit

$$\log\left[\frac{(1+m'b\,\mathrm{V_0})}{1+mb\,\mathrm{V_0}}\right]=\log\mathrm{A},$$

$$\frac{1+m'bu}{1+mbu}=\mathrm{A}\,e^{-nb(m'-m)x},$$

soit

$$nb(m'-m)=k,$$

on aura :

$$\frac{1+m'bu}{1+mbu}=\mathrm{A}\,e^{-kx},$$

d'où l'on tire :

$$u=\frac{dx}{dt}=\frac{\mathrm{A}-e^{kx}}{b\,(mc^{kx}-\mathrm{A}m)};$$

on a pour la valeur de dt,

$$dt=\frac{b\,(m'e^{kx}-\mathrm{A}m)}{\mathrm{A}-e^{kx}}=\frac{bm'\,e^{kx}\,dx}{\mathrm{A}-\mathrm{A}e^{kx}}-\frac{\mathrm{A}\,bmm'\,e^{-kx}\,dx}{\mathrm{A}\,e^{-kx}-1}.$$

Intégrant il vient :

$$t=\mathrm{C}'-\frac{bm'}{k}\log(\mathrm{A}-e^{kx})+\frac{bmm'}{\mathrm{R}}\log(\mathrm{A}\,e^{-kx}-1)$$

ou

$$t=\mathrm{C}'+\frac{bm'}{k}\log\frac{(\mathrm{A}\,e^{-kx}-1)^{m}}{(\mathrm{A}-e^{kx})}.$$

à l'origine on a :

$$t=o,\quad x=o\quad\text{et}\quad\mathrm{C}'=o.$$

La valeur de t est donc :

$$t=\frac{m'b}{k}\log\frac{(\mathrm{A}\,e^{-kx}-1)^{m}}{(\mathrm{A}-e^{kx})}.$$

et l'on a :

$$e^{\frac{kt}{bm'}}=\frac{(\mathrm{A}\,e^{-kx}-1)^{m}}{(\mathrm{A}-e^{kx})}.$$

Elevant au carré la valeur de dt et la multipliant par g on a:

$$dz = -\frac{b^2 g\,(m' e^{kx} - A\,m)^2\,dx}{(A - e^{kx})^2}\cdots$$

soit:

$$A - e^{kx} = x',$$

on a

$$dx = \frac{-dx}{k\,(A - x')}$$

et

$$dz = \frac{b^2 g\,[m'(A - x') - A\,m]^2\,dx'}{k\,(A - x')\,x'^2}\cdots$$

développant il vient :

$$dz = g\left[\frac{b^2 m^2\,(A - x')\,dx'}{kx'^2} - \frac{2 b^2 A\,mm'\,dx'}{kx'^2} + \frac{A^2\,b^2\,m^2\,dx'}{k\,(A - x')\,x'^2}\right].$$

Pour intégrer le terme :

$$\frac{dx'}{(A - x')\,x^2}$$

nous poserons :

$$\frac{dx'}{(A - x')\,x'^2} = \frac{M\,dx'}{A - x'} + \frac{N x'\,dx' + P\,dx'}{x'^2},$$

d'où l'on tire :

$$M x'^2 + A N x' + A P - N x'^2 - P x' = 1$$

et

$$P = \frac{1}{A}, \quad M = N = \frac{1}{A^2},$$

et en substituant il viendra :

$$\frac{dx'}{(A - x')\,x'^2} = \frac{1}{A^2}\left[\frac{dx'}{(A - x')} + \frac{x'\,dx + A\,dx'}{x'^2}\right],$$

et partant

$$\frac{dx}{(A - x)\, x^2} = \frac{1}{A^2}\left[\frac{1}{2}\log x'^2 - \log(A - x') - \frac{A}{x'}\right],$$

on aura donc :

$$z = C' - g\,\frac{b^2 m'^2 A}{kx'} - \frac{b^2 m'^2}{k}\log x' + \frac{2\,b^2 A\,mm'}{kx'}$$

$$+ \frac{b^2 m^2}{\lfloor k}\left[\frac{1}{2}\log x'^2 - \log(A - x') - \frac{A}{x'}\right]\cdots$$

substituant à la place de x' sa valeur il viendra :

$$z = C' - \frac{A\,b^2(m' - m)^2}{k\,(A - e^{kx})} - \frac{b^2 m'^2}{k}\log(A - e^{kx}) + \frac{b^2 m^2}{k}\log\frac{A - e^{kx}}{e^{kx}}.$$

à l'origine on a :

$$x = o, \quad z = \operatorname{tang}\alpha$$

et

$$C' = \operatorname{tang}\alpha + \frac{A\,b^2(m' - m)^2}{k\,(A - 1)} + \frac{b^2 m'^2}{k}\log(A - 1)$$

$$- \frac{b^2 m^2}{k}\log(A - 1) = \operatorname{tang}\alpha + \frac{A\,b^2(m' - m)^2}{k\,(A - 1)}$$

$$+ \frac{b^2(m'^2 - m^2)}{k}\log(A - 1) = \operatorname{tang}\alpha + B.$$

L'équation différentielle de la trajectoire sera :

$$dy = dx\operatorname{tang}\alpha + B\,dx - \frac{A\,b^2(m' - m)^2\,dx}{k\,(A - e^{kx})}$$

$$- \frac{b^2 m^2}{k}\log(A - e^{kx})\,dx + \frac{b^2 m^2}{k}\log\frac{A - e^{kx}}{e^{kx}}\,dx.$$

Equation qu'il n'est pas possible d'intégrer autrement que par approximation.

L'équation ci-dessus peut être écrite ainsi :

$$dy = dx \tang \alpha + \mathrm{B}dx - \frac{\mathrm{A}\, b^2 \, (m' - m)^2 \, e^{-kx} \, dx}{k\, (\mathrm{A}\, e^{-kx} - 1)}$$

$$- \frac{b^2 m'^2}{k} \log e^{kx} \, dx - \frac{b^2}{k} (m'^2 - m^2) \log (\mathrm{A}\, e^{-kx} - 1)\, dx.$$

Intégrant il vient :

$$y = x \tang \alpha + \mathrm{B}x + \frac{b^2}{k^2} (m' - m)^2 \log (\mathrm{A}\, e^{-kx} - 1)$$

$$- \frac{b^2 m'^2 x^2}{2} - \frac{b^2}{k^2} (m'^2 - m^2) \int \log (\mathrm{A}\, e^{-kx} - 1)\, dx.$$

développons l'expression

$$\log (\mathrm{A}\, e^{-kx} - 1)$$

en série suivant les puissances de x en nous servant
de la formule de Maclaurin, nous aurons :

$$\log (\mathrm{A}\, e^{-kx} - 1) = \log (\mathrm{A} - 1) - \frac{\mathrm{A}\, kx}{\mathrm{A} - 1} - \frac{\mathrm{A}\, k^2 x^2}{2\, (\mathrm{A} - 1)^2}$$

$$- \frac{(\mathrm{A} + 1)\, k^3 x^3}{2.3\, (\mathrm{A} - 1)^3},$$

on aura donc :

$$\int \log (\mathrm{A}\, e^{-kx} - 1)\, dx = x \log (\mathrm{A} - 1) + \frac{\mathrm{A}\, kx^2}{2\, (\mathrm{A} - 1)}$$

$$+ \frac{\mathrm{A}\, k^2 x^3}{2.3\, (\mathrm{A} - 1)^2} + \frac{(\mathrm{A} + 1)\, k^3 x^4}{2.3.4\, (\mathrm{A} - 1)^3} + \cdots$$

Or, on sait qu'on a

$$\mathrm{A} = \frac{1 + m' b\, \mathrm{V_0}}{1 + m b\, \mathrm{V_0}},$$

partant :

$$A - 1 = \frac{(m' - m)\, b\, V_0}{1 + mb\, V_0}; \quad k = nb\,(m' - m)$$

et

$$\frac{k}{A - 1} = \frac{n\,(1 + mb\, V_0)}{V_0},$$

quantité fort petite.

Pour apprécier la valeur du coëfficient du terme dont nous nous occupons, substituons dans ce coëfficient la valeur de k et nous aurons :

$$\frac{b^2}{x^2}\,(m'^2 - m^2) = \frac{b}{n}\,\frac{(m' + m)}{n^2\,(m' - m)},$$

valeur assez considérable.

Si l'on se propose de calculer les ordonnées de la trajectoire ou l'angle de projection, on pourra dresser des tables des valeurs rapprochées de l'intégrale

$$\int dx \log\,(A e^{-kx} - 1),$$

et alors les calculs deviendront susceptibles d'une grande précision. Cette observation s'applique au cas où la résistance de l'air est proportionnelle à la première et à deuxième puissance de la vitesse.

Les quantités n, mm' doivent être déterminées par l'expérience ; nous ne nous arrêterons pas plus longtemps à cette hypothèse.

Lorsque les valeurs de m et de m' sont égales on a :

$$R = nv \left(1 + mv\right)^2,$$

et partant :

$$d.\frac{dx}{dt} = - n\left(1 + m\frac{ds}{dt}\right)^2 dx$$

ou

$$\frac{du}{(1 + mbu)^2} = - ndx,$$

dont l'intégrale est

$$\frac{1}{1 + mbu} = C + mnbx.$$

à l'origine

$$x = o \quad \text{et} \quad u = V_0,$$

et partant

$$C = \frac{1}{1 + mb V_0}\cdots$$

d'où l'on tire :

$$u = \frac{dx}{dt} = \frac{1}{mb}\left[\frac{1 - (mnbx + C)}{mnbx + C}\right],$$

$$dt = \frac{mbdx \, (mnbx + C)}{1 - (mnbx + C)}.$$

pour intégrer faisons

$$mnbx + C = x',$$

il viendra :

$$dx = \frac{dx'}{mnb} \quad \text{et} \quad dt = \frac{dx'}{n} \frac{x'}{1 - x'},$$

soit

$$1 - x' = x'',$$

on a :

$$dx' = - dx'',$$

il viendra :

$$t = C' - \frac{1}{n} \log x'' - x'') = C' - \frac{1}{n} \log \left[1 - (mnbx + C) \right]$$

$$+ \frac{1}{n} \left[1 - (mnbx + C) \right].$$

à l'origine

$$t = o, \quad x = o \quad \text{et} \quad C' = \frac{1}{n} \left[\log (1 - C) - 1 + C \right].$$

substituant dans la valeur de t on obtient :

$$t = \frac{1}{n} \log \left(\frac{1 - C}{1 - (mnbx + C)} \right) - mbx.$$

Elevant au carré la valeur de dt, et multipliant par dz, on a à cause de $g\,dt^2 = - dx\,dz$:

$$dz = - \frac{m^2 b^2 g\,dx\,(mnbx + C)^2}{\left[1 - (mnbx + C) \right]^2} = - \frac{mbg}{n} dx' \frac{x'^2}{(1 - x')^2}$$

$$= \frac{mbg}{n} \frac{(1 - x'')^2}{x''^2} dx'' = \frac{mbg}{n} \left(\frac{dx''}{x''^2} - \frac{2\,dx''}{x''} + dx'' \right) \ldots$$

Intégrant il vient :

$$z = C'' - \frac{mbg}{n} \left[\frac{1}{x''} + 2 \log x'' - x'' \right]$$

$$= C'' - \frac{mbg}{n} \left[\frac{1}{1 - (mnbx + C)} + 2 \log \left[1 - (mnbx + C) \right] - + mnbx + C \right].$$

à l'origine

$$z = \tang \alpha, \quad x = o$$

et

$$C'' = \tang \alpha + \frac{mbg}{n}\left[\frac{1}{1-C} + 2\log(1-C) - 1 + C\right].$$

substituant dans la valeur de z on obtient :

$$z = \tang \alpha - \frac{mbg}{n}\left[\frac{1}{1-(mnbx+C)} - \frac{1}{1-C}\right.$$
$$\left. + 2\log\frac{[1-(mnbx+C)]}{1-C} + mnbx\right],$$

ou encore :

$$z = \tang \alpha - \frac{mbg}{n}\left[\frac{mnbx}{(1-C)[1-(mnbx+C)]}\right.$$
$$\left. + 2\log\frac{[1-(mnbx+C)]}{1-C} + mnbx\right].$$

L'équation différentielle de la trajectoire devient :

$$dy = dx\,\tang \alpha - \frac{mbg}{n}\left[\frac{dx}{1-(mnbx+C)} - \frac{dx}{1-C} + mnbxdx\right.$$
$$\left. + 2\,dx\log[1-(mnbx+C)] - 2\,dx\log(1-C)\right].$$

intégrant on a :

$$y = x\,\tang \alpha - \frac{mbg}{n}\left[-\frac{1}{mnb}\log[1-(mnbx+C)] - \frac{x}{1-C}\right.$$
$$+ \frac{mnbx^2}{2} - 2x\log(1-C) + 2\int dx\log(1-(mnbx+C) + C''.$$

Pour intégrer le dernier terme nous remarquons qu'on a :

$$\int dx \log\left[1-(mnbx+\mathrm{C})\right]=\int \frac{dx'}{mnb}\log\left(1-x'\right)$$

$$=-\int \frac{dx''}{mnb}\log x''.$$

soit

$$x'''=\log x'',$$

on aura :

$$x''=e^{x'''},\quad dx''=e^{x'''}dx'''\quad\text{et}\quad dx''\log x''=x'''e^{x'''}dx''',\cdots$$

Soit

$$\int x'''e^{x'''}dx'''=e^{x'''}\left(\mathrm{A}\,x'''+\mathrm{B}\right).$$

différentiant il vient :

$$x'''e^{x'''}dx'''=e^{x'''}dx'''\left(\mathrm{A}\,x'''+\mathrm{B}\right)+e^{x'''}\mathrm{A}\,dx''',$$

divisant tout par

$$e^{x'''}dx''',$$

d'où l'on tire :

$$\mathrm{A}=1,\quad \mathrm{B}=-1,$$

et

$$\int x'''e^{x'''}dx'''=e^{x'''}\left(x'''-1\right),$$

conséquemment

$$\int -\frac{dx''}{mnb}\log x''=-\frac{x''}{mnb}\left(\log x''-1\right)$$

$$=-\frac{\left[1-(mnbx+\mathrm{C})\right]}{mnb}\left[\log\left[1-(mnbx+\mathrm{C})\right]-1\right].$$

substituant dans l'équation de la trajectoire on a :

$$y = x \tang \alpha - \frac{mbg}{n}\left[- \frac{1}{mnb}\log[1 - (mnbx + C)]\right.$$

$$- \frac{x}{1 - C} + \frac{mnbx^2}{2} - 2\,x \log(1 - C)$$

$$- \frac{2(1 - (mnbx + C))}{mnb}\left[\log[1 - (mnbx + C)]\right.$$

$$\left.\left. - 1 + C'''\right]\right..$$

à l'origine

$$x = 0, \quad y = 0,$$

et partant :

$$C''' = \frac{mbg}{n}\left[- \frac{1}{mnb}\log(1 - C) - \frac{(1 - C)^2}{mnb}\log(1 - C) - 1\right].$$

substituant dans la valeur de y, on obtient :

$$y = x \tang \alpha - \frac{mbg}{n}\left[\frac{1}{mnb}\log\left(\frac{1 - C}{1 - (mnbx + C)}\right)\right.$$

$$+ \frac{mnbx^2}{2} - \frac{x}{1 - C} - 2\,x \log(1 - C)$$

$$- \frac{2[1 - (mnbx + C)]}{mnbx}(\log[1 - (mnbx + C)] - 1)$$

$$\left. + \frac{2(1 - C)}{mnb}(\log(1 - C) - 1)\right].$$

Or nous avons vu que, quand on n'était pas obligé de faire de supposition qui diminuât la généralité de la courbe, on obtenait une logarithmique pour équation de la trajectoire. Il est donc probable, d'après l'analogie qui doit exister entre les diverses familles de ces courbes que l'équation précédente se rapproche beaucoup de la vérité.

Si on tire de la valeur de t celle de

$$\log\left[\frac{1-C}{1-(mnbx+C)}\right],$$

on trouve :

$$\log\frac{1-C}{1-(mnbx+C)} = nt + mnbx;$$

substituant dans la valeur de z on a

$$z = \tan g\,\alpha - mbg\left[\frac{mbx}{(1-C)\,[1-mnbx+C)\,]} - 2t - mbx\right],$$

équation algébrique.

Pareillement si l'on substitue la valeur de $nt + mnbx$ dans l'équation de la trajectoire, on obtient une équation algébrique en y, x et t. Ces relations pourraient être utiles pour des trrcés de courbes.

La vitesse en un point quelconque de la courbe est donnée par la formule :

$$v = \frac{u}{\cos\omega} = u\sqrt{1+z^2} = \frac{[1-(mnbx+C)]}{mb\,(mnbx+C)}\sqrt{1+z^2}.$$

Nous ne pousserons pas plus loin ces calculs et nous allons nous occuper à les appliquer au tir sous de petits angles de projection, on a dans ce cas :

$$\cos\alpha = 1, \quad V_0 = V, \quad b = 1,$$

(La suite au prochain numéro.)

partant

$$C = \frac{1}{1 + m\,V} mnx + C = \frac{mnx\,(1 + m\,V) + 1}{1 + m\,V},$$

$$1 - mnx + C) = \frac{m\,V - mnx\,(1 + m\,V)}{1 + m\,V} = \frac{m\,V}{1 + m\,V} - mnx,$$

$$\frac{1 - (mnx + C)}{mnx + C} = \frac{m\,V - mnx\,(1 + m\,V)}{1 + mnx\,(1 + m\,V)},$$

on aura

$$u = V = \frac{V - nx\,(1 + m\,V)}{1 + mnx\,(1 + m\,V)},$$

équation qui donne la vitesse restante en un point dont l'abcisse est connue.

On a

$$t = \log\left[\frac{V}{V - nx\,(1 + m\,V)}\right] - mnx,$$

$$z = \text{taug}\,\alpha - \frac{mbg}{n},$$

$$\left[\frac{nx}{m\,V^2 - mn\,V\,x\,(1 + m\,V)} + mnx + 2\log\frac{V - nx\,(1 + m\,V)}{V}\right],$$

Équations qui firent connaître la durée du mouvement et l'inclinaison de la courbe en un point quelconque dont la distance sera connue.

Enfin l'équation de la trajectoire devient dans ces conditions :

$$y = x \tan g\, \alpha - \frac{mg}{n}\left[\frac{1}{mn}\log\frac{V}{V-mn(1+mV)} + \frac{mnx^2}{2}\right.$$

$$-\frac{(1+mV)x}{mV} - 2x\log\left(\frac{mV}{1+mV}\right)$$

$$-\frac{V-nx(1+mV)}{n(1+mV)}\log\frac{mV-mnx(1+mV)}{1+mV} - 1$$

$$\left.+\frac{mV}{n(1+mV)}\log\left(\frac{mV}{1+mV}\right)-1\right].$$

Pour

$$y = 0,$$

on a :

$$\tan g\, \alpha = \frac{mg}{nx}\left[\frac{1}{mn}\log\frac{V}{V-nx(1+mV)} + \frac{mnx^2}{2}\right.$$

$$-\left(\frac{1+mV}{mV}\right)x - 2x\log\left(\frac{mV}{1+mV}\right)$$

$$-\frac{2V-nx(1+mV)}{n(1+mV)}\log\frac{mV-mnx(1+mV)}{1+mV} - 1$$

$$\left.+\frac{V}{n(1-mV)}\log\frac{mV}{1+mV} - 1\right],$$

Equation qui donnera l'inclinaison répondant à une portée connue.

Il est à remarquer que dans ces formules la complication est plus apparente que réelle, et qu'ensuite, il vaut mieux se servir des formules où est supposé calculé, que de celles ci-dessus.

Le terme

$$1 - (mnbx + C) = 1 - C - mnbx\ldots$$

se calcul aisément, il se compose d'une partie constante et d'une partie variable qui devient double si la
portée est double, etc.

Cherchons maintenant à déterminer la valeur des
coëfficients m et n : après quelques essais et tâtonne-
ment on trouve

$$m = 0.0078, \quad n = 10 \times \frac{0.25 - r\delta}{P} = \frac{10\,\delta\pi\,r^2}{P},$$

on obtient alors pour le boulet de 12, en supposant

$$\delta = \frac{1000}{850} \cdot \log n = 2.32844.$$

Dans le tir sous depetits angles on a

$$\cos\alpha = 1, \quad b = 1, \quad V_0 = V,$$

et alors on obtient

$$C = \frac{1}{1 + mV} = 0.2079$$

et

$$v = \frac{m}{1}\left[\frac{1 - (mnx + C)}{mnx + C}\right],$$

pour

$$x = 1000^m, \quad mnx = 0.1662$$

et

$$v = \frac{1}{0.0078}\left(\frac{6259}{3741}\right) = 214^m.5 \quad \text{au lieu de} \quad 211^m.8$$

qu'en donnent les tables.

Pour

$$x = 2000, \quad mnx = 0.3324$$

et

$$v = \frac{1}{0.0078}\left(\frac{4597}{5403}\right) = 109^{m}.1 \quad \text{au lieu de} \quad 110^{m}.5$$

qu'en donnent les tables.

On voit que les valeurs de m et de n que nous venons de trouver s'accordent assez bien avec les vitesses restantes que donnent les tables de l'*Aide-mémoire* Toutefois, ainsi que nous l'avons déjà fait remarquer dans d'autres circonstances, ces valeurs ne doivent être considérées que comme étant provisoires.

§ VIII.

Les équations approximatives suffisant dans beaucoup de cas et étant même les seules dont on puisse faire usage dans la pratique, ainsi que l'avait fort bien compris Lombard, nous allons tâcher de déduire des hypothèses précédentes des formules simples et d'un usage commode.

Lorsqu'on a obtenu l'équation de la trajectoire, il est facile de développer cette équation et d'obtenir une formule approximative; il semblerait résulter de là qu'on ne saurait trouver cette formule si l'hypothèse qu'on a adoptée ne conduit pas à une équation intégrable. Heureusement qu'il n'en est point ainsi et qu'il n'est pas besoin d'avoir l'équation de la courbe pour avoir la formule approximative qui la représente.

En effet, nous avons vu que quelle que, fût la loi de résistance adoptée, on avait toujours

$$dx\,dz = -\,g\,dt^2,$$

d'où l'on tire :

$$\frac{dz}{dx} = -\,\frac{g\,'t^2}{dx^2} = -\,\frac{g}{dx^2},$$

soit

$$\frac{dx}{dt} = u,$$

on a

$$v = u\sqrt{1 + z'^2}\ldots$$

et

$$\frac{dz}{dx} = -\,\frac{g}{n^2},$$

on aura donc

$$\frac{d^2z}{dx^2} = g\,u^{-3}\frac{du}{dx}\ldots$$

et ainsi de suite.

Du moment où l'on peut connaître la valeur des coëfficients différentiels

$$\frac{dz}{dx},\quad \frac{d^2z}{dx^2},\quad \frac{d^3z}{dx^3}\ldots$$

en supposant dx constant, il est possible n'obtenir, à l'aide du théorème de Maclaurin, des séries en x qui donnent, avec le degré d'approximation nécessaire, les valeurs de y et de z quelle que compliquée que soit la loi de la résistance de l'air adoptée.

Soit en général

$$R = -nv\,F(v),$$

nous poserons d'abord :

$$z = A + \frac{Bx}{1} + \frac{Cx^2}{1.2} + \frac{Dx^3}{1.2.3} + \frac{Ex^4}{1.2.34} + \dots$$

A, B, C, D, E..., représentant les valeurs respectives de

$$z, \quad \frac{dz}{dx}, \quad \frac{d^2z}{dx^2}, \quad \frac{d^3z}{dx^3}\dots$$

dans la supposition de $x = o$.

Et à cause de

$$z = \frac{dy}{dx}$$

on aura :

$$y = Ax + \frac{Bx^2}{1.2} + \frac{Cx^3}{1.2.3} + \frac{Dx^4}{1.2.34} + \text{etc}\dots$$

qui sera l'équation approximative de la trajectoire.

L'équation

$$dx\,dz = -g\,dt^2$$

étant divisée par dx^2 donne

$$\frac{dz}{dx} = -\frac{g\,dt^2}{dx^2} = -\frac{g}{v^2}\dots$$

quand à la valeur de z elle est égale à $\frac{dy}{dx}$.

Si l'on appelle z l'angle de projection et v la vitesse initiale, on aura, quelleque soit la loi de résistance donnée pour

$$x = o, \quad \mathrm{A} = \mathrm{tang}\, \alpha \quad \text{et} \quad \mathrm{B} = \frac{g}{\mathrm{V} \cos^2 \alpha},$$

car la composante horizontale de la vitesse est $v \cos^2$ à l'origine du mouvement.

Cela posé, on a

$$d \cdot \frac{dx}{dt} = du = - nv\, \mathrm{F}\,(v)\, \frac{dx}{ds}\, dt = - n\mathrm{F}\,(v)\, dx,$$

à cause de

$$\frac{ds}{dt} = v.$$

d'où l'on tire :

$$\frac{du}{dx} = - n\mathrm{F}\,(v);$$

mais on a,

$$\frac{dz}{dx} = - \frac{g}{u^2},$$

différentiant il vient en divisant par dx :

$$\frac{d^2 z}{x d^2} = \frac{2g\,du}{u^3\,dx} = \frac{2gn}{u^3}\,\mathrm{F}\,(v), \quad \frac{d^3 z}{dx^2} = \frac{2g\,d^2 u}{u^3\,dx^2} - \frac{6g\,du^2}{4^4\,dx^2},$$

et ainsi de suite.

Cherchons la valeur de $\dfrac{d^2 u}{dx^2}$, on a :

$$\frac{d^2 u}{dy^2} = - n\mathrm{F}'\,(v)\, \frac{dv}{dx},$$

mais

$$v = a\sqrt{1+z^2},$$

donc

$$dv = du\sqrt{1+z^2} + \frac{uz\,dz}{\sqrt{1+z^2}},$$

partant

$$\frac{d^2u}{dx^2} = -n\,\mathrm{F}(v)\left[\frac{du}{dx}\sqrt{1+z^2} + \frac{uz\,dz}{dx\sqrt{1+z^2}}\right],$$

et ainsi de suite.

Faisant $n = o$, on a donc :

$$\frac{d^2z}{dx^2} = -\frac{2gn}{V^3\cos^3\alpha}\mathrm{F}(V) = C\,\frac{d^3z}{dx^3} = -\frac{6gn^2}{V^4\cos^4\alpha}[\mathrm{F}(V)]^2$$

$$+ 2gn\,\mathrm{F}'(V)\left[\frac{n\,\mathrm{F}(V)}{\cos\alpha} + \frac{g\sin\alpha}{V\cos\alpha} = D,\ \text{etc.}\right]$$

substituant donc les valeurs de z et de y, on a

$$\text{(A)}\quad\begin{cases} z = \tang\alpha - \dfrac{gx}{V^2\cos^2\alpha} - \dfrac{gn\,\mathrm{F}(V)}{V^3\cos^3\alpha}x^2 - \dfrac{gn^2[\mathrm{F}(V)]^2}{V^4\cos^4\alpha}x^3 \\[2ex] \quad + \dfrac{1}{3}\dfrac{gn\,\mathrm{F}(V)}{V^3\cos\alpha}\left[\dfrac{n\,\mathrm{F}(V)}{\cos\alpha} + \dfrac{g\sin\alpha}{V\cos\alpha}\right]x^3, \end{cases}$$

$$\text{(B)}\quad\begin{cases} y = x\tang\alpha - \dfrac{gx^2}{2V^2\cos^2\alpha} - \dfrac{gn\,\mathrm{F}(V)x^3}{3V^3\cos^3\alpha} - \dfrac{gn^2[\mathrm{F}(V)]^2x^4}{4V^4\cos^4\alpha} \\[2ex] \quad + \dfrac{1}{12}\dfrac{gn\,\mathrm{F}'(V)}{V^3\cos^3\alpha}\left[\dfrac{n\,\mathrm{F}(V)}{\cos\alpha} + \dfrac{g\sin\alpha}{V\cos\alpha}\right]x^4, \end{cases}$$

Equations générales qui s'appliquent à toute espèce d'hypothèse de résistance.

Cherchons maintenant la vitesse restante et la durée du mouvement.

La valeur de z étant différentiée donne :

$$dz = -\frac{g\,dx}{V^2 \cos^2 \alpha} - \frac{2gn\,F(V)\,x\,dx}{V^3 \cos^3 \alpha} - \frac{3gn^2[F(V)]^2\,x^2\,dx}{V^4 \cos^4 \alpha}$$

$$+ \frac{gn\,F'(V)}{V^3 \cos^3 \alpha}\left[\frac{n\,F(V)}{\cos \alpha} + \frac{g \sin \alpha}{V \cos \alpha}\right]x^2\,dx;$$

à cause de $dx\,dz = g\,dt^2$:

$$dt^2 = \frac{dx^2}{V^2 \cos \alpha}\,1 + \frac{2nx\,F(V)}{V \cos \alpha} - \frac{3n^2 x^2[F(V)]^2}{V^2 \cos^2 \alpha}$$

$$- \frac{nx^2[F(V)]^2}{V \cos \alpha}\left[\frac{n\,F(V)}{\cos \alpha} + \frac{g \sin \alpha}{V \cos \alpha}\right]\ldots$$

d'où l'on tire

$$u = v_0 = \frac{V \cos \alpha}{\sqrt{1 + \dfrac{2nx\,F(V)}{V \cos \alpha} - \dfrac{3n^2[F(V)]^2}{V^2 \cos^2 \alpha} - \dfrac{nx^2 F(V)}{V \cos \alpha}\left[\dfrac{n\,F(V)}{\cos \alpha} + \dfrac{g \sin \alpha}{V \cos \alpha}\right]}}$$

développant le radical à la puissance fonctionnaire et négative, on a

$$v_0 = V \cos \alpha\left(1 - \frac{nx^2\,F\,V}{V \cos \alpha} + \frac{nx\,F'(V)}{2\,V \cos \alpha}\left[\frac{n\,F(V)}{\cos \alpha} + \frac{g \sin \alpha}{V \cos \alpha}\ldots\right]\right)$$

et

$$v = v_0\sqrt{1 + z^2}.$$

pour calculer la durée du mouvement on a

$$dt = \frac{dx}{V \cos \alpha}\,1 + \frac{2nx\,F(V)}{V \cos \alpha} - \frac{3n^2 x^2[F(V)]^2}{V^2 \cos \alpha}$$

$$- \frac{nx\,F'(V)}{V \cos \alpha}\left[\frac{n\,F(V)}{\cos \alpha} + \frac{g \sin \alpha}{V \cos \alpha}\right],$$

développant la puissance $\frac{1}{2}$ il vient :

$$dt = \frac{dx}{V \cos \alpha} 1 + \frac{nx\,F(V)}{V \cos \alpha} + \frac{n^2 x^2\,[F(V)^2}{V^2 \cos^2 \alpha}$$

$$- \frac{nx^2\,F'(V)}{2\,V \cos \alpha} \left[\frac{n\,F(V)}{\cos \alpha} + \frac{g \sin \alpha}{V \cos \alpha} \right],$$

intégrant, il vient :

$$t = \frac{x}{V \cos \alpha} 1 + \frac{nx\,F(V)}{2\,V \cos \alpha} + \frac{n^2 x^2\,[F(V)^2]}{3\,V^2 \cos^2 \alpha}$$

$$- \frac{nx^2\,F'(V)}{6\,V \cos \alpha} \left[\frac{n\,F(V)}{\cos \alpha} + \frac{g \sin \alpha}{V \cos \alpha} \right].$$

On voit que, quelle que soit la loi de résistance
adoptée, on pourra trouver l'équation approximative
de la trajectoire l'inclinaison en un point quelconque
de la courbe, la vitesse restante et la durée du mouvement et cela sans faire aucune supposition qui soit de
nature à altérer la forme de la courbe, comme il arrive
presque toujours quand on est obligé de le faire pour
rendre les équations intégrales.

Pour les projectiles de l'artillerie actuelle, il n'est
pas nécessaire d'aller au delà de la 2e puissance de n
et le terme $\frac{g \sin \alpha}{V \cos \alpha}$ est intégrable.

L'expression de la résistance de l'air peut avoir la
forme d'un monome et être algébrique ou exponentielle; elle peut avoir la forme d'un polynome algébri]

que et exponentielle. Dans tous les cas, la formule précédente permettra de trouver les équations approximatives du mouvement et l'on pourra, dans chaque cas particulier, déterminer, à l'aide de quelques essais, à quel degré d'approximation on voudra s'arrêter (1).

Soit

$$R = nv^2 e^{mv^{\frac{2}{3}}},$$

qui dans l'état actuel de la science conduit à des équations inintégrables et, qui, par la méthode actuelle, ne présente pas plus de difficultés que les autres hypothèse. Dans ce cas,

$$F(v) = v^{mv^{\frac{2}{3}}}, \quad F'(v) = \left(1 + \frac{2}{3}\,mv^{\frac{2}{3}}\right)e^{mv^{\frac{2}{3}}},$$

substituant dans les formules générales on a :

$$z = \tan\alpha - \frac{gx}{V^2\cos^2\alpha} - \frac{gnx^2 e^{mV^{\frac{2}{3}}}}{V^2\cos^3\alpha} - \frac{gn^2 x^3 e^{2mV^{\frac{2}{3}}}}{V^2\cos^4\alpha} - \dots$$

$$+\frac{1}{3}gn\left(1 + \frac{2}{3}mV\frac{2}{3}\right)e^{mV^{\frac{2}{3}}}\left(nVe^{mV^{\frac{2}{3}}}\frac{g\sin\alpha}{V}\right),$$

$$y = x\tan\alpha - \frac{gx^2}{2V^2\cos^2\alpha} - \frac{gn^2 x^3 e^{mV^{\frac{2}{3}}}}{3V^2\cos\alpha} - \frac{gn^2 x^4 e^{2mV^{\frac{2}{3}}}}{4V^2\cos^4\alpha} - \dots$$

$$+\frac{1}{12}gnx^4\left(1 - \frac{2}{3}mV\frac{2}{3}\right)e^{mV^{\frac{2}{3}}}\left(nVe^{mV^{\frac{2}{3}}} + \frac{g\sin\alpha}{V}\right),$$

---

(1) Du reste les calculs sont très-faciles et se réduisent à des différentiations.

$$v_0 = \mathrm{V} \cos \alpha \left(1 - \frac{n x e^{m\mathrm{V}^{\frac{2}{3}}}}{\cos \alpha} + \frac{n x^2}{\mathrm{V} \cos^2 \alpha} \right) \left(1 + \frac{2}{3} m \mathrm{V}^{\frac{2}{3}} \right)$$

$$\left(n \mathrm{V} e^{m\mathrm{V}^{\frac{2}{3}}} + \frac{g \sin \alpha}{\mathrm{V}} \right) \ldots$$

$$t = \frac{x}{\mathrm{V} \cos \alpha} \left(1 + n x e^{m\mathrm{V}^{\frac{2}{3}}} + n^2 x^2 e^{2m\mathrm{V}^{\frac{2}{3}}} - \frac{n x^3}{6 \mathrm{V} \cos^2 \alpha} \right)$$

$$\left(1 + \frac{2}{3} n \mathrm{V}^{\frac{2}{3}} \right) e^{m\mathrm{V}^{\frac{2}{3}}} \left(n \mathrm{V} e^{m\mathrm{V}^{\frac{2}{3}}} + \frac{g \sin \alpha}{\mathrm{V}} \right),$$

Equations dans lesquelles le coëfficient n doit être multiplié par $0,9$ et pour lesquelles on a $m = 0,0118$ en nombre rond (1).

Nous allons chercher maintenant les équatious du mouvement par la méthode ordinaire, en nous occupant de celles de ces hypothèses qui présentent quelque intérêt, soit qu'elles cadrent bien avec l'expérience, soit qu'elles soient curieusesau point de vuealgébrique.

Nous établirons les diverses équations à l'aide de celles (1) et (3) que nous avons données au n°

Une hypothèse fort remarquable et celle

$$\mathrm{R} = n v \frac{p}{q} + 1,$$

qui donne des équations algébriques, et qui concorde assez exactement avec les résultats de l'expérience.

---

(1) Du reste, on conçoit que ces valeurs de n et de m que nous donnons ici ne peuvent être considérées que comme provisoires, et qu'il faudrait de nombreuses expériences pour les déterminer avec exactitude. Cette observation s'applique à tous les cofficients relatifs aux diverses hypothèses que nous allons examiner.

OUVRAGES DE L'AUTEUR

QUI SE TROUVENT CHEZ LE MÊME ÉDITEUR.

RÉFLEXIONS ET ÉTUDES SUR LES BOUCHES A FEU DE SIÉGE, DE PLACE ET DE CÔTE. In-8, avec figures et planches.......... 7 fr. 50

OBSERVATIONS ET VUES NOUVELLES SUR LES FUSÉES DE GUERRE. In-8.. 2 fr. »

OBSERVATIONS SUR L'EMPLOI DE LA POUDRE FULMINANTE DANS LES PROJECTILES CREUX. In-8.......................... 2 fr. »

ESSAI SUR LE MOUVEMENT DES PROJECTILES DANS LES MILIEUX RÉSISTANTS.

    1er CAHIER. — PARTIE THÉORIQUE. In-8....... 4 fr. »

    2e CAHIER. — PARTIE PRATIQUE. In-8........ 4 fr. »

    SUITE DU 2e CAHIER, CHAPITRE V. In-8....... 3 fr. »

    CHAPITRE VI. In-8....................... 4 fr. »

MÉMOIRE SUR LA CONSOLIDATION DES REVÊTEMENTS DES PLACES DE GUERRE. In-8, avec planches .... 2 fr. »

MÉMOIRE SUR LA POSSIBILITÉ D'AUGMENTER LES EFFETS EXPLOSIFS DES PROJECTILES CREUX. In-8, avec planches............ 2 fr. »

ESSAI SUR LES PROJECTILES ALLONGÉS. In-8.......... 5 fr. »

MÉMOIRES SUR QUELQUES POINTS ESSENTIELS RELATIFS A LA DÉFENSE DES PLACES. In-8, avec planches.................. 4 fr. »

MÉMOIRE SUR LA NÉCESSITÉ DE RÉPARER L'AME DES ARMES A FEU POUR LEUR CONSERVER LA RECTITUDE DE LEUR TIR. In-8 2 fr. »

RÉFLEXIONS SUR LES EXPÉRIENCES FAITES EN SUÈDE SUR DES CANONS A AMES RAYÉES, SE CHARGEANT PAR LA CULASSE, IDÉES NOUVELLES RELATIVEMENT AU PERFECTIONNEMENT DE CES BOUCHES A FEU, AU PARTI QU'ON PEUT EN TIRER A LA GUERRE. In-8..... 2 fr. »

NOTE SUR L'APPLICATION DES APPAREILS DE M. LISSAJOU, POUR L'ÉTUDE DES VIBRATIONS DES CORPS SOLIDES, ET EN PARTICULIER DES ARMES A FEU DE TOUTES ESPÈCES. — In-8.................. 2 fr. »

MÉMOIRE SUR LE TIR A MITRAILLE. In-8............. 2 fr. »

MÉMOIRE SUR LES ARMES A FEU RAYÉES. In-8, avec pl. 3 fr. »

Paris. — Imp. de E. Donnaud, rue Cassette, 9.